主　编
董仁威

执行主编
黄继先　　戚万凯

丛书编委会
董仁威　　黄继先　　黄鹏先　　戚万凯
崔　英　　廖弟华　　彭万洲　　邹景高
吴昌烈　　叶　子　　李建云　　罗克美
邓　波　　毛　君　　余文太　　黄　波

神奇地球

**少年儿童综合素质启蒙
系列读物**

喻言 戚万凯 叶子 编著

APTIME
时代出版传媒股份有限公司
安徽教育出版社

图书在版编目（CIP）数据

神奇地球 / 喻言，戚万凯，叶子编著. —合肥：安徽教育出版社，2013
（少年儿童综合素质启蒙系列读物 / 董仁威主编）
ISBN 978 - 7 - 5336 - 7452 - 6

Ⅰ.①神⋯　Ⅱ.①喻⋯②戚⋯③叶⋯　Ⅲ.①地球—少儿读物
Ⅳ.①P183—49

中国版本图书馆 CIP 数据核字（2013）第 035616 号

神奇地球
SHENQI DIQIU

出　版　人：郑　可
质量总监：张丹飞
策划编辑：杨多文
统筹编辑：周　佳
责任编辑：黄胜富
装帧设计：袁　泉
责任印制：王　琳

出版发行：时代出版传媒股份有限公司　安徽教育出版社
地　　址：合肥市经开区繁华大道西路 398 号　邮编：230601
网　　址：http://www.ahep.com.cn
营销电话：(0551)63683012，63683013
排　　版：安徽创艺彩色制版有限责任公司
印　　刷：三河市明华印务有限公司

开　　本：650×960　1/16
印　　张：10.75
字　　数：100 千字
版　　次：2014 年 4 月第 1 版　2017 年 5 月第 3 次印刷
定　　价：19.00 元

（如发现印装质量问题，影响阅读，请与本社营销部联系调换）

目录

美丽的地球

坐飞船，瞰地球，
地球像个水晶球。
浅蓝纱纹圆溜溜，
围绕太阳慢慢走。
四大洋，七大洲，
海洋波涌江河流。
人类摇篮真可爱，
浩瀚宇宙一叶舟。

儿歌

　　地球是围着太阳运行的一颗行星，也是太阳系中唯一存在智能生命的星球。它绕着太阳不停地自转，需要 365 天才能转一圈。地球有七大洲（亚洲、欧洲、非洲、大洋洲、北美洲、南美洲和南极洲），四大洋（太平洋、印度洋、大西洋和北冰洋）；还分五带（热带、北温带、南温带、北寒带和南寒带）。南、北半球四季交替正好相反，植被色彩变化，气象万千。

　　宇航员从太空遥望地球，地球可美啦！一个晶莹明亮的球体上，覆盖着蓝、白、橙、黄、绿的颜色，犹如裹着一层秀丽的"纱衣"。不错，蓝色是海洋，白色是冰川，橙色是平原，黄色是沙漠，绿色是森林。啊！生命的摇篮多么美丽壮观令人喜爱。然而她在浩瀚无边的宇宙中，却像一叶扁舟，是那样的渺小而孤独。它生机勃勃充满活力，不仅有形形色色的植物，而且有千姿百态的动物。地球上之所以有生命，一是因为有水，二是由于获得了阳光。有了水，生命才能进化繁衍；有了阳光，植物才能制造有机物。

　　地球表面大约七分海洋、三分陆地。陆地上有山地、高原、盆地、沙漠和平原（包含河流、湖泊、森林与冰川）；海洋里也有平原、山脉、高地和盆地。海洋是海藻的世界，鱼类的天堂。人们在陆地上从事各种生产劳动。人类生活离不开淡水，更离不开氧气。我们要节约用水，珍惜资源，保护生态环境。让地球成为我们幸福的乐园。

考考你

1. 从太空看地球，地球像什么？
2. 你知道水的重要性吗？

植　被

山川竹木广，
高原牧草香，
耕地禾苗长，
沼泽鲜花放。
苔藓遮寒石，
莲叶满池塘。
植物和谐美，
被子真漂亮。

背后的故事

　　大山、沿河上的森林，平原、丘陵上的禾苗，高原、山坡上的青草，沼泽、湖畔的芦苇，还有那些能把荒原、岩石遮盖住的苔藓、地衣，我们给它们取了一个总的名字，叫植被。它们年复一年地旺盛地生长着，就像给大地盖上了一床被子。植被越好的地方，大地的被子就越漂亮，人类的生活就越幸福。

　　地球上的自然地理环境非常复杂，所以植被类型也就千差万别，多种多样。大致可分为热带植物、亚热带植物、温带植物、寒带植物、极地植物和海洋植物。其中热带雨林极其重要，人们把它看做是地球的肺。因为植物光合作用的时候，要吸收许多二氧化碳，放出大量的氧气。而氧气对动物和气候都有好处。现在非洲的刚果河流域、南

美洲的亚马孙河流域，以及印度尼西亚等地的森林是世界仅存的三大热带雨林。可惜被那些贪婪的人乱砍滥伐，雨林面积日益萎缩，真令人担忧。

我们一日三餐吃的饭菜，喝的饮料，以及享用的各种水果，都是来自植物。还有，我们吃的肉，喝的奶也间接来自植物。人和动物谁都离不开植物供给我们的食物和氧气。总而言之，没有植物地球就会变成荒漠，没有植物动物就会丧失生命。所以，我们要植树造林，保护好草原，种好庄稼，让地球的植被更茂盛。

1.你知道什么叫植被吗？

2.你知道植被对我们有多重要吗？

山

山爷爷，个子大，

嗨哟哟，我来爬。

爬到爷爷肩膀上，

摸摸爷爷绿头发；

爬到爷爷头顶上，

望望天空飞彩霞。

　　小朋友，你们都看过山，到山里去玩过的吧？世界上有好多又高又大的山呀！山上有各种各样的树木、花草、石头，还有清泉、小溪、瀑布。树上有鸟儿在叫，地上有动物在跑，水里有鱼儿在游。林间有蜻蜓、蜂蝶在飞。在溶洞里还可看到奇形怪状的钟乳石。

　　令人惊奇的是，在这些高高的山上，有时还可以捡到只有在海里才能见到的海洋生物化石。这些海洋生物是海里的泥沙把它们掩埋，泥沙越积越厚，压力也越来越大，天长日久慢慢地变成了化石。然后在造山运动中将它们从海底悄悄地拱起来，经过长时间的风吹雨淋才裸露出来。海洋生物化石就是随着山爷爷的个头不断长高而从海底升到山上的。现在，有的山也像喜马拉雅山那样还在长个头哩。

是什么力量使山爷爷长个头的呢?经科学家们考察研究得知,造山的力量来源于地球表层的地壳运动。组成地壳的几大板块互相碰撞挤压,于是地壳产生了褶皱,地层不断向上隆起,才使山爷爷的个头不断长高的,经过千百万年的演变,沧海终于变成了桑田。另外,火山喷出的岩浆与火山灰也可凝结成岛,累积成山,日本的富士山就属于这样的山。还有小行星撞击地球也可形成环形山,不过这样的山比较矮。宇航员登上月球看到的环形山就多,因为月球上没有大气层,环形山未风化基本保持原样。

考考你

1.你知道山上的海生生物化石是从哪里来的吗?
2.你知道是什么力量使山爷爷的个头长高的吗?

草　原

草原妈妈，

胸膛好大；

孩子真多，

牛羊驴马，

躺在她的怀抱里，

多像吃奶的娃娃。

你们到过草原吗？也许没有。在内陆半干旱区或者高原，总能见到一望无际的草地。我国有内蒙古大草原、青藏大草原和新疆大草原。听到"蓝蓝的天上白云飘，白云下面马儿跑"的歌声就会心旷神怡。其实，我国的草原除了马群外，更多的是绵羊和山羊，也有牛、驴和骆驼。在祥云飘浮的蓝天下，牧民骑着马儿，放牧着牛羊，高唱着牧歌，漫步在"绿毯上"。草原的景色多么迷人啊！

内蒙古大草原、青藏大草原和新疆大草原是中国的三大牧场，其中以内蒙古大草原牧场最佳。由于内蒙古草原晴天居多，阳光充足，对牧草生长有利，于是形成约 0.4 亿公顷的优质草场。无论在中国，还是在世界各地，草原都是大自然对人类的馈赠品。内蒙古的鄂尔多斯,地下含有丰富的矿藏,那儿是内蒙古最富饶的地方。如今,一个以工矿业为主,商业、牧业、农业、林业为副的综合开发区正在崛起。

世界上最著名的草原是潘帕斯草原,面积约 76 万平方千米,位于阿根廷的中、东部,是南美洲的粮仓。还有中非大草原也富有魅力,那里拥有世界上数量最多的大型动物:角马、大象、斑马、狮子、羚羊、猎狗、花豹、长颈鹿、大鳄鱼。那里每天都演绎着惊心动魄的弱肉强食。特别是成千上万的动物大迁徙的时候,那种壮观场面更令人难忘。

啊!美丽的草原,多么令人神往。

考考你

1.你知道中国有哪三大牧场吗?
2.你知道中非草原有些什么动物吗?

戈 壁

黄沙茫茫无尽头，
赤日炎炎人难受。
雨后不见一滴水，
狂风刮走小山丘。
蜥蜴躲进砾石下，
红柳陪伴仙人球。

背后的故事

　　戈壁是蒙语，意即沙漠。沙漠是怎样形成的呢？我们来做个小实验。夏天，我们先往杯子里倒一些热水，再放进几块冰，冰块在热水里会怎么样呢？你看，那些冰块很快就裂开，而且还听得见裂开时发出的声音。这是怎么回事呢？因为热水能让冰块膨胀破裂。这是热胀冷缩的缘故。在戈壁上，白天的温度很高，太阳把石头晒得发烫。可是到了晚上，戈壁又特别寒冷。那里的石头就像在热水杯里的冰块一样裂口了。裂开的石头碎片散落在地上，天长日久不断风化，最后变成细细的沙粒。风一刮，细沙就被刮走，剩下了光秃秃的石滩和砾石，见不到沙，也见不到植物，荒凉极了，不过它还要继续风化。被风刮走的沙粒遇到阻挡或者风力减弱时便在新的地方堆积起来，形成

沙丘,成为沙漠。

　　世界上最大的沙漠叫撒哈拉沙漠,在非洲。中国最大的沙漠叫塔克拉玛干沙漠,在新疆。

　　沙漠里没有水,也没有草,只有很少很少的沙柳、骆驼刺和仙人掌、仙人球。在这样恶劣的环境里,居然还生存着蛇、蝎子和蜥蜴之类的小动物,这就是戈壁的奇特景象。由于没有水草固土,没有树木挡风,沙漠一刮大风,便尘土飞扬,天昏地暗。风口地区长年保持7、8级大风,这为风力发电创造了条件;广漠干旱少雨,阳光充足,为太阳能发电提供了场所。科学家正在利用戈壁为人类服务呢!

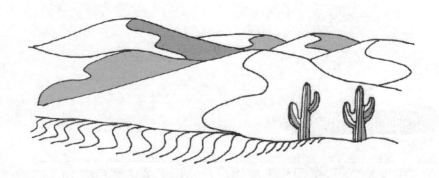

考考你

1.你知道戈壁上的石头是怎样风化的吗?

2.你知道戈壁里有什么动植物吗?

盆　地

吐鲁番,葡萄沟,

种植瓜果满绿洲。

塔里木,多沙丘,

死亡之海产石油。

大小盆地近咫尺,

自然形态各千秋。

背后的故事

　　吐鲁番盆地在天山的东面,塔里木盆地在天山的南面,它们是两兄弟,面貌却完全不同。哥哥塔里木是宽大畸形的黄脸,弟弟吐鲁番是细小肥胖的绿脸。不错,塔里木盆地的面积比吐鲁番大几十倍,90%以上是一望无际的死气沉沉的黄沙,只有周边才有少量的绿洲;吐鲁番盆地虽小,却是富有魅力的生机勃勃的绿洲,处处都能听到维族姑娘优美的歌声。

　　现在,塔里木盆地也在变,在那荒凉的不毛之地,也有了欢声笑语。在号称"死亡之海"的塔克拉玛干沙漠地底下,沉睡多年的石油和天然气正在被人们唤醒。工人们在戈壁上修筑公路,建造工房;在沙漠上竖起一座座井架,铺起一条条油气管。

原来，新疆是个内陆海，几十万年前，海里的海藻被泥沙覆盖，经过沧桑巨变，海藻慢慢变成了天然气和石油。海水蒸发后缩小形成塔里木湖，最后塔里木湖也干了。考古发现，两千年前，塔里木盆地还是生机盎然的草原和绿洲，楼兰国就在盆地中心。只因大量砍伐树木引起气候变化，塔里木盆地才变成了沙漠。

不言而喻，盆地就是周围高、中间低的地方。柴达木盆地叫"聚宝盆"，四川盆地叫"天府之国"。看来盆地是个好地方，因为多数盆地气候较好，而且还有丰富的矿产。

考考你

1.你知道吐鲁番盆地与塔里木盆地有什么不同吗？
2.你知道塔里木盆地是怎样变成沙漠的吗？

瀑　布

弧形水墙太神奇，

横空出世云雾起。

车到湖畔闻雷声，

人近城边沾细雨。

雨国飞瀑繁星亮，

天下游客乐滋滋。

♪儿

歌

背后的故事

　　北美洲伊利湖与安大略湖之间，有一道瀑布叫尼亚加拉瀑布，它是世界上第一大瀑布。说它是第一，一点不假，瀑布宽 1240 米，流水落差 50 米，气势够宏大吧？游客在很远的地方就能听到雷鸣般的响声，走近奔腾的瀑布边，蒙蒙细雨扑面而来，观望太久衣服会湿漉漉的。瀑布呈弧形很像一道城墙，水面特别宽，烟雾弥漫，一眼望不到头。此瀑布是尼亚加拉河的水经过大理石河底断崖而形成，中有哥特岛把瀑布分成两部分，左边属于加拿大，右边属于美国。它们各自修了发电站，并且开辟为旅游胜地，让世界人民来赏玩。

　　我国东北吉林牡丹江流经宁安市附近，有一道由火山喷发、地震断裂造成的马蹄形瀑布饶有风趣。陕西与山西之间的黄河有一个壶

口瀑布,浑浊的河水居高临下,冲进水潭发出闷雷般的响声,黄色的烟雾升腾迷漫,惊心动魄。贵州的黄果树瀑布和江西的庐山瀑布驰名古今中外。四川的九寨沟、黄龙也有一些奇特的美妙的小瀑布,值得观赏。重庆四面山的瀑布有一种舒缓愉悦的感觉,给幽静的风景增添了活力。

世上大小瀑布甚多,不胜枚举。虽然成因各异,但是归根结底,瀑布都是从陡峭的崖壁上流下来的水,形似白布,故名瀑布。瀑布除了有观赏价值外,它还蕴含丰富的水力资源。

考考你

1.你知道尼亚加拉瀑布有多大吗?

2.你知道我国有哪些有名的瀑布吗?

暗 河

土地爷爷魔术奇，

随心所欲吞吐水。

山里喝干一截河，

地下流淌一条溪。

暗河清泉哪里去？

大江大河更壮丽。

　　暗河，也叫阴河，即是地下的河流。我们在贵州西部和南部的山间行走，常常看到一条小河流着流着就没水了。河里的水究竟到哪儿去了呢？答案很简单，不是从前面或侧面的山洞流走了，便是从河底的石头缝穴漏到了地下。然后在地下冲出一条水路继续向前流去。流到一定的地方流不走了，又从另一个洞穴流了出来，使无水的山涧变成清澈的小河。这些有头无尾、有尾无头、或缺头少尾的河流，都与许多地下岩洞、孔道相连并延伸很长，甚至达到几十千米。水在地下流动、冲刷多年就形成了暗河。

　　还有一种情况就是那些石灰岩构成的大山，经过千百万年地面雨水渗透、溶蚀，也形成了地下溶洞式的河道，这也叫暗河。一般来

讲,时间越久远,当地雨水越充沛,暗河就越大(大到可以划条小船进去);反之,暗河就越小(小到不能容人进入)。

　　暗河的水经过多次泥沙过滤,大都比较清洁,只要没有化学污染,完全可以饮用。在暗河里,也有鱼虾、螃蟹之类的水生动物。不过,长期生活在暗河里的鱼,眼睛退化成一条缝,基本丧失了视觉。更有特殊的鱼,身体透明,连内脏也能看见。有的暗河还有娃娃鱼,这是一种罕见的珍贵动物,我们应该保护它们。至于水蛇之类的动物,就司空见惯不足为奇了。

考考你

1.你知道什么叫暗河吗?

2.你知道暗河是怎样形成的吗?

石 林

石林山，太美观，

奇形怪状不一般。

刀砍斧劈鬼神功，

风雕雨凿千万年。

谁说软刃无力量，

请看造物大自然。

儿歌

背后的故事

　　我国云南省东部有个路南公园，是由奇形怪状的岩石组成的园林。里面有大大小小高矮不等的畸形石头，有的像初生的竹笋，有的像粗壮的圆柱，有的像精雕细琢的华表，还有的像凹凸峥嵘的屏风；更令人惊奇的是，有块石头真像白族姑娘阿诗玛，修长的身躯婀娜多姿。石柱高耸如密林，柱子上刻满了一道道水平条纹。

　　类似如此壮观的石头园林，世上还有许多，如重庆的万盛石林更叫人惊艳。你看，将军石肃立在关隘，情侣石缠绵在石间，剑锋石直插云空，石阵布列在山前，石鼓搁置在校场，石扇遗弃在半山，香炉石劈破在狭口，石耳朵削落在路边，人们看了无不哑然失笑。

　　这些奇妙的石头是人类的杰作吗？不是的，它们是大自然的鬼斧

神工。千百万年前，高低不平的石灰岩被烈日暴晒，产生了裂缝，雨水渗入，不断融蚀两壁，使裂缝扩大加深。经过若干万年的侵袭，地面出现溶沟和突起的石芽，原来平坦的地形渐渐变成起伏崎岖的溶蚀原野。这些溶蚀原野继续风化，才变成今天这个模样。

也许地壳最初凝结的时候，偶尔也有碳酸钙之类的岩浆从砂岩岩浆下面分散冒出来，冷凝后它们生在一块，后来较软的砂岩被风化掉了，而较硬的岩石留了下来，形成一片石林。在万盛石林的碳酸钙石底上，至今还有一层厚厚的黄色沙土。

考考你

1.你知道石林有些什么样的石头吗？
2.你知道石林是怎样来的吗？

冰 川

雪封山,冰成河,

天寒地冻冰雪作。

千年凝结慢延伸,

一朝融化急退缩。

气温升高海水涨,

亿万居民何处落?

背后的故事

　　冰川就是冰河,由厚薄不一的冰层构成。全世界有 1600 万平方千米,90%分布在两极。冰川共有三种类型:一是大陆冰川,即掩盖大陆高山、低谷、平原区的冰川。主要分布在南极和格陵兰岛上。特点是中部高、四周低,冰川向四面八方滑动。二是山谷冰川,即高山雪线以上的雪源冰川。由主流和分支组成的高山冰川系统,沿山谷向下移动。欧洲的阿尔卑斯山、亚洲的喜马拉雅山都有这种冰川。三是山麓冰川,即山谷冰川流出谷口到达平地,自由铺开、扩展,然后汇合成广阔的平川。在俄罗斯的西伯利亚就有。

　　高山地区因地势高,空气稀薄,不保暖,冰雪不易化,故有冰川。两极地区因太阳辐射弱,热量少,气候终年寒冷,所以冰雪一年四季

都堆积，最易形成冰川。冰川的冰是由地上的水凝固的吗？不是。那么冰川的冰是哪儿来的呢？答曰：是从天上来的。天上的雪花纷纷扬扬，不停地降落，即使有阳光照射，稍有溶解，但在凛冽的寒风吹拂下，随即又冻结成颗粒状的雪粒。这些雪粒落到地上不断累积，便形成厚厚的冰川。由于雪花的密度没有水的密度大，这就造成冰川冰的密度比普通水成冰的密度更小。因此，冰川滑到海洋就形成冰山，漂浮在海上，长年累月化不完，轮船要是不幸撞上它，往往会造成事故。据说泰坦尼克号游轮就是碰上冰山沉没的。

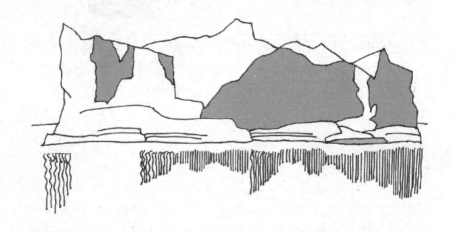

考考你

1.你知道有哪三种冰川吗？

2.你知道冰川里的冰是从哪里来的吗？

雪　线

山下绿草已开花，

山上白雪没融化。

中间仿佛夹条线，

上下隐约隔篱笆。

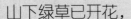

背后的故事

　　在寒冷的冬天，山下山上，到处被白雪覆盖着，银装素裹白皑皑一片真是好看。夏天来了，有的地区山下的草长出地面，各色花儿陆续开了，可山上的雪还没化呢。这是什么原因呢？你离远点再看，山上的雪和山下的花草，它们中间仿佛画了一条线似的，彼此界线分明，谁也不干扰谁，这条线就是雪线。也就是说，雪积得再多，夏天的天气再热，雪到这儿就不再化了。怎么样？够神奇了吧！

　　其实，雪线这个神秘的素女并不神秘，她是由大自然的气温控制的。现在就让我们来揭开她的神秘面纱吧！首先，积雪是千人一面，颜色特性都是一样的。其次，雪线的高低是不是一样的呢？当然不是。从地球水平面上讲，雪线要受地球纬度的影响，纬度高的地方，雪线就低;纬度低的地方,雪线反而高了。这是因为纬度越高离赤道热带就越远气温就低，纬度越低离赤道热带越近气温就高，而雪融化多少是由气温高低决定的。这就是蒙古高原比北极圈的雪先化的道理。从地球空间层面上讲，影响雪线的另一个因素是山的海拔高度,山越高的地方空气就稀薄,气温就低些,雪就不易融化;山越低的地方空气就浓厚,气温就高些,雪就容易融化。这就是云南玉龙山纬度比陕西华山低得多,反而终年积雪的道理。

至此,我们知道雪线是一条看得见、摸不着的隐线,它随气温升降而变化。

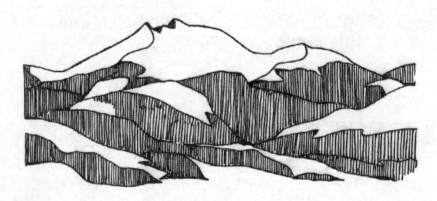

考考你

1.你知道雪线是怎么回事吗?
2.你知道雪线的高度是由什么决定的吗?

湖　泊

风吹绿水起浪花，
小船飘荡拖网撒。
清洁水里游鱼儿，
芦苇丛中浮野鸭。
朵朵红莲摇头笑，
张张荷叶把伞打。
站在湖边照张相，
湖泊景色美如画。

背后的故事

　　水总是不停地从高处流向低处。河水、山泉昼夜不停地流淌着。当它们流向低洼的地方，水就在那里被保存了起来。日子长了，水就会越积越多，装水的地方也会越来越大，一直到水深了，有植物生长了，有动物在这里安家了，这个低洼的地方就成了湖泊。

　　湖泊的四周被陆地包围着，水不再流到海洋，这就是内陆湖。在中亚和我国青海省就有许多这样的湖。这些湖的湖水不断蒸发，盐便积存起来，年代久了就成了咸水湖。河水、山泉和雨水充满低洼的地方形成了湖泊之后又流到海洋，这样的湖就是淡水湖。我国的洞庭湖与鄱阳湖是闻名遐迩的淡水湖。北美洲加拿大的淡水湖最多。它和美国边境上有几个湖泊，其中苏必利尔湖是世界上面积最大的

湖，有 82400 平方千米。

　　浙江的西湖是海湾外面泥沙沉积隔断了与海的联系形成的湖。此外，地震时山崩地裂土石阻塞了河水，则形成堰塞湖。死火山留下的喷发口接纳雨水也会成为湖泊，吉林白头山的天池以及天山的天池就是这种湖。由冰川侵蚀作用产生的凹形地或由冰渍物之间的凹地积水而成的湖叫冰川湖。

　　湖泊为人类提供了良好的水产资源与湖盐，淡水又是动植物生存的重要条件。湖泊的存在，对气候的影响极大，它能调节气温，增加雨量。所以我们要好好保护它们，千万不要把它们污染了。

1.你知道湖泊是怎样形成的吗？
2.你知道湖水对人有多么重要吗？

沼 泽

青青草，莽莽草，

深浅都在水中泡。

厚厚泥，稀稀泥，

水中植物长不高。

草死后，会烂掉，

淤泥长草草更好。

背后的故事

　　在特别寒冷的地方，土地中的水也会被冻结，而且一冻就形成很深很深的冻土。可是到了夏天，这些被冻的土地解冻了，冰在土里化成了水，这些水又没法流走，于是就成了一个烂泥潭。可千万别小看这些烂泥潭哟，它能把大卡车陷进去。这种地方就是陆地沼泽。还有一种叫水体沼泽，那是在气候湿润的地区，泥沙沉积使湖体缩小，水草腐烂伴随泥浆堆积，许多年后烂草淤泥完全吞没了湖泊，也形成了沼泽。这样的淤泥沼泽同样能陷害人哩！

　　有的沼泽看上去好像毛茸茸的绿色地毯，人只要一踩上去，就会掉到里面爬不上来，越动越往下面沉，真是个可怕的陷阱啊！我国黑龙江省的东南部、青海省的南部就有许多这样的沼泽。1935

年9月中央工农红军长征时，通过草地就有不少的战士牺牲在沼泽地里。

怎样识别沼泽地呢？如果倒一些水在地上，水很快就不见了，这就不会成为沼译。如果地上一年四季都是湿漉漉的，上面还长满了浅浅的草，出现大片大片低平的地方，就要小心了，这很可能就是沼泽。千万不能乱闯，你得用棍子探试一下再往前走，以防危险。

沼泽地既讨厌又可爱，它对当地的环境与气候起着重要的作用。一是保持水土不流失，二是能调节气温不太热；三是空气湿润易下雨。你说它的作用大不大？

考考你

1.你知道沼泽是怎样形成的吗？

2.你知道沼泽有哪些好处吗？

地质公园

天然地质博物馆，

地球历史写里面。

冰川公园海螺沟，

奇妙景色真好看。

石林怪岩谁打造？

风雨雕琢千万年。

背后的故事

　　公园，我想大家玩过的一定不少吧？可是，在很多个公园当中，你知道还有地质公园吗？它跟别的公园迥然不同，它是自然界里的天然公园，很少人工造作。让我们一面欣赏大自然的美妙景色，阅读眼前的山和水，一面学习地球科学知识，研究古生物化石是怎样形成的吧。

　　在地质公园里，最基本的理念是地壳由一层层的岩石构成，那些岩层有水平型的，有斜角型的，还有曲线型的。化石让我们看到了千百万年前的原始鱼、三叶虫、蕨叶。这些太古生物沉积到海底，经过若干万年的沧桑巨变，才成了山上的化石。宝石让我们明白了，地球上存在很多硬度不同颜色各异和花纹多样的石头。这些石头是几

十亿年前，地球开始孕育的时候由特殊元素的偶然结合。冰河让我们了解到，由于气候变化，覆盖地表的厚厚的冰层慢慢融化，冰川走得很慢很慢，它推动巨石磨去棱角移到山下的平地。岩洞让我们了解到各种地质结构的许多秘密，什么岩浆岩、沉积岩、石灰岩、花岗岩、玄武岩、砂岩、页岩等，它们成因各异，形象万千。石林更是大自然留下的杰作。硬度、密度不同的石头混杂结合在一块，软的石头被风化掉了，硬的石头保留了下来，这就形成千奇百怪的石林。

哎呀，我们居住的这个地球太奇妙了！这些都是地球亿万年来运动变化的结果。

1.你知道地质公园是怎样的公园吗？
2.我们能从地质公园了解到什么呢？

化 石

小石块,像画片,

树叶小虫藏里面。

巨石头,像屏风,

大象恐龙隐其中。

生物埋进泥土里,

亿万年后化石重。

有时候,我们偶尔会在一些岩石中、石头上看到嵌着的一条小鱼,一枚叶子,一只小虫,或者是大象与恐龙的部分骨骼。真奇怪,它们是怎么被嵌进石头、岩石中的呢?原来,这些远古的动植物遗体,被泥沙覆盖住了,天长日久埋得深深的,压力大大的,经过若干万年,泥沙逐渐向沉积岩转化,柔软部分被腐烂掉,在岩石上留下痕迹,较硬的部分随着泥沙变成了化石。这些动植物残骸变成化石后,是怎样来到地面的呢?由于地球的造山运动,地壳深层的岩石又升到了离地面较近的土里,经过日晒雨淋,岩石慢慢被侵蚀风化,它们便暴露出来,我们就看到了化石。北京军都山之北的木化石群就是裸露出的大片化石。

化石对我们研究地球有很大的帮助呢！譬如说我们从恐龙的化石研究知道，恐龙有食草类和食肉类，有大体形的也有小体形的，有爬行的也有飞行的。无论哪种，统治地球几亿年后统统灭亡了。灭绝的原因主要有两种说法：一说是气候变化，整个地球冰天雪地，恐龙怎不饿死冻死？另一说法是小行星撞击地球，森林着火燃烧，有的恐龙被烧死；撞击时产生的尘烟遮住了阳光，植物大量死亡，恐龙没有吃的，自然难免灭绝。究竟是什么因素造成恐龙整体灭绝？还得到地球化石中找证据。

研究化石就能知道远古的一些信息。因此，一旦发现化石千万要保护起来，报告政府文物部门，让科学家来发掘、探讨。

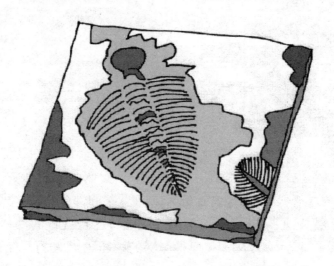

1.你知道什么叫化石吗？
2.你知道化石是怎样形成的吗？

矿 物

黑方块，黄方块，

有的好像红花瓣。

长长针，短短针，

石针聚集一根棍。

黄芝麻，白芝麻，

嵌进石头像粑粑。

你见过透明的石头吗？还有彩色的、长得像花瓣形、长得像方糖块、长得像巧克力的石头？有的石头像玻璃管、像针，还有的石头里嵌着颗粒状的晶体。也许你会问：真有这样的石头吗？有的，它们就是矿石。

矿物是构成岩石的各种不同物质。大多是以化合物的形式存在。也有少数在特殊情况下出现单纯的物质，比如石膏矿在沙漠和干旱的地方形成花瓣型的结晶。当水分干了，矿物沉淀的时候，就变成漂亮的花瓣了。所以，人们又叫它石膏花。矿物经常形成结晶，结晶会让它们变得形状规则，表面光滑，发光透明。每一种矿物都会形成它们各自不同的结晶，有的是圆柱子，有的是根方方正正的棍。绝大多数矿物是地球开始凝结的时候各类元素集体混杂在岩浆里。煤是成块状的黑色石炭，它是远古森林深埋地下，在高压密封的环境里形成的。它不仅是可贵的燃料，而且能从煤焦油中提炼出几十种化工原料。石油和天然气则是古代海洋里的藻类植物深埋地下形成的。

　　天然气不仅可做燃料，还可以用它来制造薄膜、尼龙化纤。石油蒸馏之后可得汽油、煤油、柴油、机油、沥青。它们的用处多着哩！我国的南海和钓鱼岛周边海域，都蕴藏有大量的石油和天然气，所以邻国政府无不觊觎这些岛屿。

1.你知道矿石是怎样形成的吗？

2.你能说出矿石有些什么形状吗？

岩　洞

地下世界少人知，

溶洞石花真稀奇。

钟乳石笋连成柱，

暗河游弋瞎子鱼。

瀑布泻进潭水里，

白色小草有生气。

背后的故事

　　在地表下有许多神奇的世界，那就是一个个不同的洞穴。岩层中隐藏着大大小小的洞穴：有地壳岩层运动自然拱起的洞穴；有酸性雨水浸蚀石灰岩，经过千万年才形成的溶洞。在溶洞里，被溶解的碳酸钙沉积为石钟乳、石笋、石花、石蛋、石柱，千奇百怪的东西琳琅满目。重庆武隆芙蓉洞就很漂亮，人们去游览的时候，无不为大自然的神奇造化而惊叹！

　　溶洞大多有弯弯曲曲的暗河在流淌，还有瀑布与地下水潭。那里是个阴暗潮湿的地方，有的很宽大，有的极狭小。小的地方只能容一个人；大的地方不仅空阔，而且很深，深达地下几千米。浙江金华双龙洞就是这样的洞穴。

当然，也不是所有岩洞都在地下。海边山崖的岩洞就是因为海浪侵蚀而成的。岩洞也可能在冰河边形成，也可能在天坑里形成。还有的是人工打凿的，如敦煌的莫高窟的千佛洞，就是我国古代劳动人民辛勤开凿一千多年的艺术瑰宝。

有的岩洞住着蝙蝠之类的小动物，云南庐江河燕子洞的"居民"，就是从印度尼西亚飞来的雨燕。这个洞穴宽阔高大，是筑巢的好地方。每年春天数亿只雨燕从南洋飞来繁殖后代，吸引成千上万的游客来观光、挂扁、祈福。洞穴深处的小草，由于见不到阳光，叶子是白色的，因此不能进行光合作用，只能汲取溶于水中的矿物质生长。

1. 你参观过地下洞穴吗？
2. 你知道岩洞是怎样形成的吗？

海

大海蓝，大海宽，
鱼儿逐波万万千。
海藻生长咸水中，
海龟爬上大沙滩。
大海宽，大海蓝，
来来往往许多船。
日出海鸥拍浪飞，
钻井平台像军舰。

儿
......
歌

背后的故事

　　海是挨着陆地的水域，面积比湖泊大得多。一眼望去波涛翻滚，无边无际。

　　打开一张大大的地图，我们仔细地看，那些被涂成蓝色的地方就是海洋。靠近陆地的地方海水浅，涂的颜色也较浅；离陆地越远的地方海水深，涂的颜色也越深。陆地的边上有海湾，附近还有星罗棋布的大小海岛。当我们站在海边看海的时候，海水的颜色并不蓝，更多的是黄色或绿色，那是海水较浅的缘故。沿海一带由于大陆的淡水源源不断地流来，因此，海水往往不那么咸。

　　海是亿万年前地壳变动形成的。水的来源有两种说法：一说是地球最初形成的时候，水汽从炽热的岩浆中分离上升到天空，地球的

岩浆冷凝成岩石，天空的水汽也冷凝成水，大量的雨水降落到地面就形成了海。另一说法是远古时代，彗星一次次地撞击地球，带来了非常多的水。也许这两种情况都存在。海可分为陆间海、内陆海和边缘海。地中海就是陆间海，里海就是内陆海，我国的东海和南海就是边缘海。

海里的海藻有的形成了森林，有的形成了草地。无计其数的鱼儿生活在海里，五颜六色的珊瑚长在海底的石头上，有的像没有叶子的树，有的像五颜六色的花，还有的像多彩多姿的屏风。鲸、海豚、海豹、海象都是生活在海里的哺乳动物，它们不属于鱼类。

许多海底都蕴藏着丰富的矿产。最普遍的是石油和天然气，人类已经在开采了。

1.你所见过的海是什么样的呢？

2.你知道海里有些什么动植物吗？

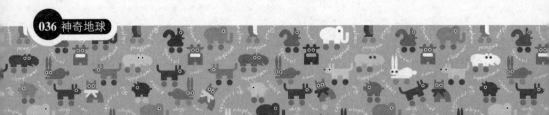

潮 汐

海水平时在睡觉，

看见月亮起身跑。

正对月亮挥手吼，

背对月亮往上跳。

一吼一跳跑上岸，

敢比野马奔腾高。

♪儿
……
歌

背后的故事

　　潮汐是大海边出现的十分壮美的景象。潮水来时，惊涛拍岸，卷起来的水花像礼花似的在空中开放；汹涌澎湃的波涛涌上沙滩，犹如万马奔腾，势不可挡。

　　生活在海边的人都知道，一天里海水的涨落早晚各有一次，海水周期性地变化。在很久以前的古代，人们就知道把早上海水的涨落叫"潮"，晚上海水的涨落叫"汐"，合在一起便叫"潮汐"。是什么原因使海水有涨有退呢？这是因为太阳、月亮都对地球有吸引力，潮汐就是海水受到太阳和月亮的共同引力作用而引起的。每当海水面对月亮和背对月亮的时候，就会产生潮汐。显然，潮汐就像太阳和月亮与海水拔河，它们能把海水拉动起来。

我国杭州湾的钱塘潮是举世闻名的大潮。由于杭州湾是个喇叭口，宽阔的潮水涌进狭窄的水道很快就把波浪抬高几丈。因此发出巨大的轰鸣声。每月农历初一和十五日，月亮离地球最近，引力也最强，因此是观潮的好时机。钱塘江两岸都修有海堤，可以防止涨潮时海水倒灌造成灾害。每年都有成千上万的游客去观看钱塘潮，这是件好事，但一定要注意生命安全，因为过去曾有人观潮而被潮水卷走，给亲人留下无限的懊恼与悲哀。

　　潮汐蕴藏着巨大的能量，人们可用它来发电。现在尚未利用，也许科学家正在研究吧。

考考你

1.你知道一天里潮汐涨落几次吗？
2.你知道潮汐是什么原因引起的吗？

洋　流

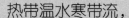

热带温水寒带流，

寒带冷水热带走。

冷热循环海水流，

气温变化各千秋。

　　风像一位无情躁动的狂人，总是不停地吹动着海洋里的水，让它流动起来，于是洋流就形成了。海洋中的水常常会循环流动，就像我们走路一样，固定了方向、路线。带着暖水或冷水的洋流，会靠着大陆沿岸流走，使附近的气候发生变化。

　　如果海水被太阳晒热了再向寒带流去，这股暖流所流经的地方，冬天就比较暖和，夏天就多雨；而从寒带流来的冷水，冬天就会异常寒冷，夏天就多雾。有的洋流在海水深处，流动的方向恰好与海水表面洋流的方向相反。比如，海洋表面的洋流把暖和的海水从地球的赤道附近带到寒带去，而北冰洋深海的洋流却把寒带冰冷的海水带到热带来。

正因为有冷热海水的循环,海洋生物才多种多样,生机盎然;正因为有洋流的存在,沿海的气候才变化万千,令人捉摸不定。由于信风的变化,导致深海冷水上翻减弱,非洲东部赤道附近至南美洲西海岸的广大洋面,出现长时间增暖现象。南美洲秘鲁沿海地区就会反常下暴雨,澳大利亚和印度则出现大干旱,东亚会持续高温,非洲土地大面积龟裂,北美洲大陆热浪兼暴风雪,夏威夷遭热带风暴袭击,欧洲却发生洪涝灾害。这就是厄尔尼诺气候现象,它造成渔业农业大减产。当墨西哥湾的暖流越过大西洋北上欧洲,北欧地区常出现暖春。有些鱼类会随着洋流游回自己的故乡去产卵繁殖,像大马哈鱼和红龟就是这种鱼类。

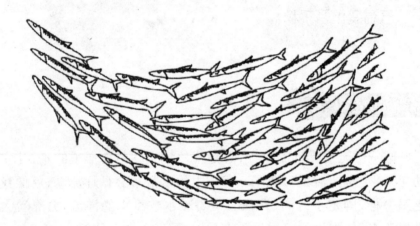

1.你知道洋流是怎样形成的吗?

2.你知道厄尔尼诺气候现象的危害吗?

中华颂

轩辕黄帝建中华，
中华民族有文化。
人勤心善良，
物博地广大。
四大发明好，
两弹一星佳。
巨龙腾飞起，
朋友遍天下。

♪儿······歌

背后的故事

　　中国有 960 万平方千米的土地，300 多万平方千米的海域，包括 23 个省、5 个自治区、2 个特别行政区、4 个直辖市，台湾及其附属岛屿自古就是中国不可分割的一部分。在广袤的大地上勤劳的农民种植着各种农作物、蔬菜、果树和经济作物；牧民在辽阔的草原放牧一群群牛羊；工人在神秘的地下开采丰富的矿藏。

　　我国是一个拥有五千多年历史的文明古国，三皇五帝开创了华夏的历史。秦始皇统一了文字、货币、度量衡。春秋战国有大教育家孔子、军事家孙武；汉朝有史学家司马迁、科学家张衡、医学家华佗；南北朝有数学家祖冲之；明朝有药物学家李时珍。至于文学家更是群星璀璨不胜枚举。周朝就演绎了《易经》，春秋时就编撰出《诗经》，战国时就

有《楚辞》，此后汉赋、唐诗、宋词、元曲以及明清小说都是举世闻名的文学瑰宝。古时的"四大发明"火药、指南针、造纸术、活字印刷术为中华民族之骄傲，现代的"两弹一星"更让华人扬眉吐气。

古代的劳动人民修筑了万里长城、开凿了京杭运河与敦煌石窟；而今在长江修造了几十座大桥，全国的铁路、高速公路纵横交错，航空线遍布国内外。北斗卫星是先进信息技术的标志，载人航天飞船打开了我国宇宙航行的大门。我国已同200多个国家建立了外交关系，在五项原则的基础上进行友好往来。

中国是联合国常任理事国，也是安理会成员。中国已屹立于世界强国之林。

考考你

1.你知道中国有多大吗？
2.你知道中国古代的"四大发明"吗？

56个民族

中国大花园，
五十六种花。
汉满蒙回藏，
维苗土壮哈……
共同住东亚，
团结是一家。
胸怀全世界，
建设新中华。

背后的故事

　　中华民族是由 56 个民族组成的大家庭。上 400 万人口的民族有汉族、壮族、满族、回族、蒙族、维吾尔族、藏族、苗族、彝族、土家族等 10 个。汉族占全国人口的 92％，其他少数民族占 8％。汉族大部分生活在黄河、长江、珠江流域，满族和朝鲜族生活在东北，蒙古族生活在内蒙古，回族主要生活在宁夏，维吾尔族和哈萨克族生活在新疆，藏族主要生活在西藏、四川，彝族生活在四川凉山，土家族生活在渝黔湘一带，壮族生活在广西，白族、傣族生活在云南，苗族生活在云贵，黎族生活在海南岛，高山族生活在台湾。其中，云南省的少数民族最多，有 22 个。我国在少数民族集中的地方实行区域自治。

　　国外的华侨也是中华民族的一分子，同是炎黄子孙。他们长期生

活在世界各地,已取得了当地的国籍。同时融入了该国民族大家庭。他们也以祖国的繁荣富强而自豪。

中华民族是勤劳、勇敢、善良、智慧的民族,也是一个伟大的民族、团结的民族。五千年的艰苦奋斗创建了辉煌的文明,使我国经受住历史的考验,几度兴衰,不断斗争,最终走向繁荣昌盛。任何中外反动势力企图分裂我们、打倒我们、奴役我们都是办不到的。我们将高举社会主义的光辉旗帜奋勇前进,直到世界人民大团结、过上幸福美好的生活。

1.我国上400万人口的民族有哪几个?

2.中华民族是个怎样的民族?

北京

我爱北京天安门，

天安门上太阳升。

伟大领袖毛主席，

指引我们向前进。

背后的故事

　　天安门是北京的中心。每到十月一日和盛大的节日，天安门就像穿上了节日的盛装，漂亮极了！高高的城楼上，挂满了大大的红灯笼，把金水桥都给映红了。五座雕刻精美的汉白玉石桥像彩虹一样横跨在金水河上。浑圆挺秀的华表站在桥的两边。国徽挂在城楼最高处，毛主席的画像悬挂在天安门城楼的红墙上。雄伟壮丽的天安门，是我们日夜想念的地方。1949 年 10 月 1 日，毛泽东主席在天安门城楼上向全世界庄严宣告："中华人民共和国成立了！"从此，天安门就成了新中国的象征。

　　北京故宫是元、明、清三代皇帝居住的紫禁城，现在叫故宫博物院，每天参观的人成千上万。颐和园与圆明园从前是御用园林，而今

是国家公园,游览的人络绎不绝。天坛是皇帝祭祀天地祈求年丰的地方,新中国成立后也改作公园。另外还修建了民族文化宫、植物园、花卉园、野生动物园、世界公园、自然博物馆和历史博物馆、革命军事博物馆以及工业体育场、农业展览馆。鸟巢和水立方都是有名的体育设施。国家大剧院是中国现代化的剧院。人民大会堂是全国人民代表大会开会的地方。天安门广场中央有人民英雄纪念碑和毛主席纪念堂。

北京郊区建立起一批大型现代化工业企业,成为我国门类比较齐全的社会主义工业基地之一。本市农业近郊以生产蔬果为主,远郊以生产粮、棉为主。现在北京有几十所大学、几百所中学,还有藏书最多的北京图书馆。中国科学院等科研机构也设在北京。

考考你

1.你能说出北京的著名建筑吗?

2.你知道十月一日是谁的生日吗?

上　海

长江畔,浦江边,
高楼大厦入云天。
车若流水奔街头,
灯似繁星映河面。
逢年过节心里乐,
火树银花空中悬。
东方明珠闪光亮,
就像月儿头顶悬。

　　上海简称沪,是中国共产党诞生之地。它是长江流域出海的门户,全境为低平的长江三角洲的一部分。上海郊区土地肥沃,气候温和,有利于农作物的生长。农民种植粮、棉、蔬、果,还养猪、养禽、养鱼。

　　新中国成立前,上海是我国最大的工商业城市,且商业比重远大于工业。新中国成立后,上海的工业发展迅速,很快就成为我国重、轻工业各个门类齐全的综合性工业和科学技术基地,并新建了许多工业区和住宅区,还建了著名的世博园。市区还有中山公园、长寿公园、惠民公园、复兴公园、长风公园、天山公园、黄兴公园、和平公园和世纪公园等十余个公园让人们游玩。

在上海外滩,长长的江岸上,耸立着很多漂亮的高楼大厦,它们像图画一样美丽。到了晚上,高楼大厦的彩灯一齐亮了起来,灯光像五彩缤纷的宝石嵌在黄浦江上。2001 年,APEC 会议期间,这里举行了一次盛大的焰火晚会。银白色的礼花,像喷出的万颗银树,长在空中。1000 枚红色闪光焰火,像一条"红地毯"铺在江面上。焰火遮盖住了长长的水面,绵延到外滩的江边。号称"东方明珠"的电视塔屹立在黄浦江畔,每天都在播放各种节目。

上海是我国最大的对外贸易城市,它位于华东地区长江入海口,因此海、陆、空交通都很发达。它是我国的经贸中心和科技中心之一,有众多的国外经贸机构设在这里。

考考你

1.你知道上海市是我国第几大城市吗?

2.你想看上海外滩的夜景吗?

天　津

买年画，挑年画，

张张年画美如花。

选了一张肥猪崽，

又选一张胖娃娃。

还选一张老寿星，

骑着仙鹤笑哈哈。

♫儿……歌

背后的故事

　　天津市简称津，是我国中央直辖市之一。位于华北海河的入海处，东临渤海，是首都北京的门户。由于地处海河平原，海河各支流入海改道多，所以本市多洼地，有很多常年或季节性积水的小湖泊。郊区的农业以稻、麦、蔬菜为主，还产棉花、花生。沿海盛产鱼虾。

　　天津海盐丰富，是我国新型工业基地之一。主要有钢铁、机械制造、化工、电子、纺织、造纸、食品、橡胶等工业。大港油田是我国重要的石油工业基地，天津新港是现代化海港，可停泊万吨以上的远洋货轮。交通运输十分便利，铁路四通八达，既有沟通华北的河运网与公路网，又有飞往各地的航班。

　　天津市还有一个出名的"土特产"，那就是杨柳青年画。过年

了，人们忙着穿新衣，忙着贴年画。这些好看的年画都来自天津的古镇杨柳青。杨柳青是我国著名的艺术之乡，以绘制年画闻名。年画的内容生动活泼，既反映了人民的生活和风俗习惯，又有历史故事、神话故事、民间传说、戏曲场面和风景花卉。

城区西、南部为文化区，海河以东为主要工业区，西北向东南一带为居住、政治经济活动中心区。主要休闲娱乐的地方有人民公园、天津乐园、长虹公园、水上公园、月牙湾公园、绿宝石公园、天津动物园等。可供瞻仰参观的有周恩来与邓颖超纪念馆、平津战役纪念馆、自然博物馆、工业展览馆等。

考考你

1.你知道天津市在我国什么位置吗？

2.你知道杨柳青年画在天津什么地方吗？

重 庆

古重庆,新山城,
双江汇流朝天门。
水陆交通盖西南,
飞机迎送中外宾。
大足石刻世界知,
三峡风景天下闻。
鱼米蔬果花鸟乡,
直辖焕然迎新春。

♪儿
······
歌

背后的故事

　　重庆山城简称渝,是中央直辖市,古往今来一直是我国西南重镇。远在春秋时期古巴国就开始在这里建立城市,秦统一中国后在此设立巴郡。蜀汉叫江洲,隋、唐叫渝州,北宋改恭洲,南宋始称重庆。抗日战争时期是中国的陪都。重庆市的历史非常悠久,自古就有巴人在山川种植水稻、小麦、玉米、红薯、豆类和各种蔬菜。长寿的沙田柚、巴南的五布红橙、铜罐的柑橘享誉全国。

　　翻开地图,仔细看看,重庆市中区就像舌头,朝天门码头就建在舌尖上。舌头的一边是嘉陵江,另一边是长江。两条江在朝天门前面相汇,一起奔流东去。大趸船沿江依次排列着,一座座大桥横跨两江,现在的朝天门码头真热闹啊!滨江路的汽车可直达江边。重庆市

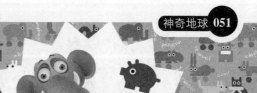

中区又像一艘轮船,朝天门广场就是船头甲板。

　　山城重庆是长江上游最大的工商业城市，也是交通枢纽。钢铁、冶金、机械制造、汽车、纺织、电力、化工、电子、建材等工业都很有名。重庆直辖后中央又在渝北建立两江新区,创建工业园与农业园。现在重庆的铁路、高速公路四通八达,航空水运也非常方便。在西永虎溪已矗立起一座宏伟的大学城。化龙桥建有红岩革命纪念馆。学田湾大礼堂是市府开会的地方,附近有三峡博物馆和新华日报旧址。

　　重庆是温泉之乡,东、南、西、北四大温泉都是有名的风景区。大足的摩崖石刻,武隆的天坑溶洞,巫山的峡谷峭壁,丰都的鬼城地狱,江津的四面幽谷,南川的古庙金佛,缙云山的珍稀植物,永川的野生动物都是值得观看的好地方。

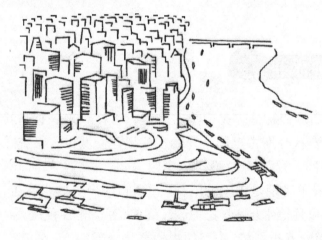

1.你知道重庆是一座什么样的城吗?

2.你知道嘉陵江、长江在什么地方汇合吗?

四 川

古成都,老四川,
天府之国多矿产。
山清水秀花果香,
四通八达交通便。
蜀锦缎,自贡盐,
黄龙九寨出奇泉。
钢铁基地攀枝花,
川江水力好资源。

🎵
......
歌

背后的故事

　　四川位于长江上游,东部四川盆地大部分是丘陵,只有成都才是平原。西部川西高原上,大雪山的贡嘎山是全省最高的山峰,海拔7556米。因四川盆地有四条长江大支流而名四川,简称川。秦朝统一后设立蜀郡,所以又简称蜀。本省蚕桑旺盛,自古以成都为中心的丝织业发达,政府在那里设有锦官,因此成都又名锦城。

　　四川省的首府成都是我国历史名城之一,市区有武侯祠、草堂,市郊有都江堰、二郎庙、三星堆等古迹。成都南有乐山大佛、峨眉古庙,北有黄龙五彩池、九寨沟烟云、青城幽境、卧龙大熊猫栖息地,西有贡嘎—西岭雪山、海螺沟冰川等风景名胜区。以成都为中心的铁路(宝成、成昆、成渝、成达)和七条高速公路通往四面八方,还有连接全国各地的航空线。"蜀道之难,难于上青天"已一去不复返,如今是"蜀道之易,易于履平地"。

自古以来四川就是天府之国,盛产水稻、小麦、玉米、豆类等粮食,蔬菜瓜果一年四季都有,油菜子、棉花、甘蔗也丰富。此外蚕丝、茶叶、桐油、苎麻、樟脑、生漆、白蜡、毛竹等亦有名。成都的都江堰有两千多年的历史,它使华西平原成为富庶的"鱼米之乡"。成都已成为多种工业的中心。攀枝花的钢铁工业、绵阳的电子工业、自贡的井盐化工工业、泸州的石化、制酒业、内江的制糖业、西昌的卫星发射基地都闻名全国。除了发达的工、农、牧、林业外,还蕴藏丰富的铁、煤、天然气、石油、石棉、云母等矿产和巨大的水力资源。

1.你知道四川有哪些风景名胜区吗?

2.你知道成都还有什么别名吗?

云　南

彩云之南植物多，
橡胶香蕉和可可……
"独木成林"遮阳光，
撑天树上鸟唱歌。
彩云之南动物多，
大象叶猴与孔雀……
毒蛇猛兽旱蚂蟥，
山间牛羊好快活。

儿
......
歌

背后的故事

　　云南位于我国西南边境，东部在战国时为滇国领地，故简称滇。本省地处云贵高原，地势西北高，南部低。滇东高原是云贵高原的主体，多岩溶地形，其中路南石林最著名。在山间盆地，农民种植稻谷、小麦、玉米和马铃薯。栽培油菜子、茶叶，还种花生、甘蔗。本省以有色金属和磷著称，个旧的锡、东川的铜、会泽的铅锌也闻名，还产煤、岩盐和大理石。

　　昆明是云南省省会。工业以机器制造、有色冶金、钢铁、电力、纺织、建材为主。这里气候温和四季如春，名胜古迹很多。滇池西岸的西山是著名的风景区。此外，洱海、抚仙湖、程海等也是有名的湖泊，旅游的圣地。丽江古城、玉龙雪山、路南石林、腾冲地热火山更举世

闻名,令人流连忘返。

　　新中国成立前云南的交通不便,新中国成立后修建了公路、铁路与广西、贵州、四川、西藏连接。还有公路通往东南亚的国家。澜沧江—湄公河是我国同老挝、泰国、柬埔寨的水路运输线。

　　南边的西双版纳,简直就是一个庞大的热带植物园!这里的植物可多了,什么橡胶、香蕉、可可、龙血树。其中一种植物是我们在其他地方很少见到的,它就是气根植物。人们给它取了一个好听的名字,叫"独木成林"。是呀,一棵树就能成为一片树林呢!原来,它们有许多根从树干和树枝上长出来,一条条凌空悬挂,直垂到地上,钻进土里,慢慢地长粗长大,远远看去,就像从地上新长出了许多树来。它的枝叶向空中伸展,好像一把巨型大伞,为我们遮挡着炎热的阳光。

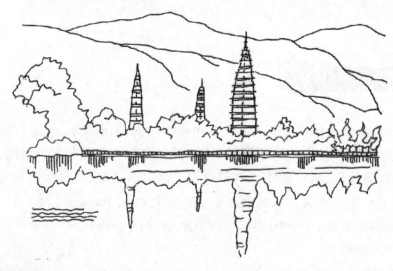

考考你

1.你知道云南的西双版纳吗?
2.你知道什么是气根植物吗?

贵 州

打帮河,黄果树,

白云上面挂瀑布。

轰天巨响震山谷,

飞泻牛潭起烟雾。

阳光映照出彩虹,

金纱隐约蒙山树。

背后的故事

贵州在我国西南云贵高原的东部,简称贵。它的东北部在秦时属黔中郡,故又简称黔。平均海拔 1000 米,地势西高中低,向北、东、南呈陡坡下降,乌江、赤水河、北盘江、南盘江三面分流。谷地缓坡已开垦为农田,南部多岩溶地形。湖泊以草海最大。

北盘江支流打帮河上的黄果树瀑布,落差 50 多米,气势磅礴,就像用一条条白绸做成的大幕布从天上垂下来似的。高高的流水从悬崖上飞下,发出一阵阵巨大的轰响。这声音传得很远很远。河水泻进下面的犀牛潭,潭里顿时激起了滚滚浪花和团团水雾,雾里的水珠飞散开来,洒在我们身上,真像下起了蒙蒙细雨。阳光下,一条条彩虹出现在瀑布的前面,整个山谷就像蒙上了一层金黄色的轻纱。

在山间盆地坝子上,农民种植水稻、玉米、小麦和薯类作物。经济作物以油菜、烟叶为主,此外还产茶叶、棉花和苎麻,生漆与桐油是土特产。本省矿产资源丰富,铜仁的汞、黔西的煤都很有名。另外还有磷、铝、铅、锌、铁、锑等矿物。

贵阳是贵州省的省会,从这儿有铁路和高速公路通往川、渝、滇、湘、桂,为工商业发展创造了条件。主要工业有机械、冶金、电力、化工、纺织、卷烟等。遵义为黔北重镇,历史名城,遵义会议是中国共产党历史上的里程碑。贵州省喀斯特岩洞颇多,除荔波世界有名外,还有九龙洞、九洞天、织金洞、石鼓洞、紫云格凸河穿洞等在国内亦有名。马岭河峡谷号称天狭地缝,自然风光雄奇险峻、幽美壮观。

云贵高原大部为山区,这儿聚居着苗、布、侗等少数民族,民族服装奇特,色彩艳丽。

考考你

1.你知道黄果树瀑布在贵州的什么地方吗?
2.你知道遵义为什么有名吗?

西　藏

喜马拉雅群山连，
冰天雪地真严寒。
珠穆朗玛最高峰，
年年都有人登攀。
雅鲁藏布江水长，
高原草肥牛羊壮。
布达拉宫多雄伟，
喇嘛僧人心欢畅。

背后的故事

　　西藏自治区在青藏高原的西南部，简称藏，平均海拔在 4000 米以上。北部高地占全区的三分之二，地势开阔，小山间多盆地。南部边境是高峻的喜马拉雅山，平均海拔在 6000 米以上。这座山的最高峰叫珠穆朗玛峰，有 8844.43 米高，为世界之最，可以说没有人不知道，因为每年都有来自世界各国的登山运动员刊载报上。雅鲁藏布江及其支流的河谷平原是藏南谷地，海拔在 4000 米以下，为西藏最富庶的地区。那曲以东是横断山脉的一部分，山势北高南低，山顶与谷地相差两三千米，山顶白雪皑皑，山腰森林郁郁，山麓草木青青，构成峡谷区的绮丽景色。

　　西藏人民大多住在谷地，他们种植青稞和各种蔬菜、水果，牧放

绵羊、牦牛。矿产有煤、铁、食盐、天然碱,从前没有勘探利用,如今建立了煤炭、化工、水泥、毛纺织、皮革等多种工业。同时还利用羊八井的地热发电。

西藏自治区的首府是拉萨,那儿的著名古迹叫布达拉宫。这座宫殿是一座依山垒砌的宏伟建筑群,殿宇楼阁差不多有一千间,占地41公顷。它到底是为谁修建的呢?在中国的唐代,有一位汉族姑娘叫文成公主,她嫁给了吐蕃(西藏的古称)的松赞干布。松赞干布为公主修建了这座宫殿,用来昭示后代。宫址就是拉萨河畔的布达拉山。西藏聚居着藏、汉、门巴、回、珞巴等兄弟民族。新中国成立前西藏没有一条公路,新中国成立后不仅修了青藏、川藏、新藏、滇藏公路,而且还修了青藏铁路,开辟了航空线。

西藏被称作"世界屋脊",那里有终年不化的雪山、冰川,还有许多高原湖泊,是人们旅游观光的好地方。

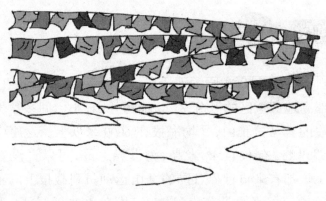

1.你知道球穆朗玛峰有多高吗?

2.你知道布达拉宫最早是谁修建的吗?

新 疆

冬不拉,弹起来,

刀郎舞,跳起来,

小花帽,戴起来,

羊肉串,烤起来,

小朋友,来来来,

欢迎你到新疆来!

儿
……
歌

背后的故事

新疆维吾尔自治区位于我国西北边陲,面积有 160 多万平方千米,比两个四川还大哩!维吾尔族占全区人口的 2/3,其余是汉、哈萨克、蒙古等 12 个民族。自治区首府设在乌鲁木齐,燕窝陵园和天池是著名的风景区。

巍峨的天山横亘新疆中部,以北地区叫北疆,以南地区叫南疆,哈密、吐鲁番盆地一带叫东疆。天山北面的盆地叫准噶尔盆地,南面的叫塔里木盆地。在两大盆地的沙漠中,蕴藏着丰富的天然气、石油。煤产于乌鲁木齐附近和鄯善,铁产于三个泉子和沙雅,阿尔泰山盛产黄金和各种有色金属,克拉玛依的石油中外闻名。

在两大盆地的边缘,有许多大大小小的绿洲。勤劳的新疆人民,

引来天山、昆仑山和阿尔泰山的雪水，浇灌出茂盛的绿树、青草，金黄的稻麦、油菜，无垠的棉花、玉米，香甜的瓜果、甜菜。隐秘的坎儿井从天山之麓的地下，蜿蜒流到吐鲁番浇灌葡萄和瓜果。新中国成立后政府不仅维修了坎儿井，而且还兴修了许多水库和渠道。哈密瓜、和田玉、莎车桑蚕都很有名。天山南北是个天然大牧场，每年夏天绿草丛中鲜花盛开，牧民放牧着牛、羊。秋风潇潇，它们又赶着畜群到山麓牧场过冬。

新疆河流少，大多是内陆河，只有额尔齐斯河流入北冰洋。博斯腾湖是本区最大淡水湖，此外赛里木湖和乌伦古湖亦有名。喀喇昆仑山脉的乔戈里峰是世界第二高峰，海拔8611米。

新中国成立前新疆没有公路，运输靠马和骆驼；新中国成立后已形成以公路为主、铁路为副的交通网络，同时开辟了通往全国各地的航空线。

西气东输工程使得新疆的天然气资源得到进一步开发，同时带动新疆经济社会的发展。

考考你

1.新疆出产哪两种闻名国内外的水果？
2.天山南北放牧着哪些牲畜？

陕　西

泥陶兵,泥陶马,

跟随秦皇藏地下。

手执弓箭和干戈,

列阵威武鬼神怕。

将军挥剑乘战车,

前呼后拥去拼杀。

儿
歌

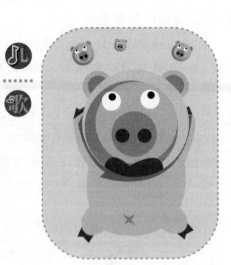

　　陕西简称陕,位于黄河流域中游与汉水上游。北部为黄土高原,南部为汉中盆地,中部是渭河平原。省会西安是我国著名的古都之一,秦、汉、唐等朝代都曾在这儿建都。市区有不少的名胜古迹,如米家崖新石器遗址、镐京遗址、阿房宫遗址、汉长安城遗址、木塔寺遗址、唐代梨园遗址、唐长安城墙遗址、大小雁塔和青龙寺等。

　　渭河之南是秦巴山地,为我国南北分水岭。主峰太白山海拔3767米,西岳华山就在秦岭之北,山势陡峭雄伟非凡。骊山温泉是著名的风景区,宝鸡天台山亦有名气。渭河平原号称八百里秦川,它和汉中盆地是本省农业最发达的地区。农民种植小麦、水稻、玉米、谷子、糜子,也种棉花、油菜、胡麻。陕北铜川盛产煤,此外铁、锰、铜、铝、钼、石油、天然碱的储量也相当丰富。工业以煤炭、电力、石油、钢铁、机械、电器、仪表、造纸、化纤为主，同时兴建了棉毛丝纺织工业，以及汽车、拖拉机制造业。

在陕西临潼县，有一支规模很大的"军队"，它们埋在地下很久很久了。这就是秦始皇陵兵马俑，它被人们称为世界第八大奇迹呢。这些兵士都是泥土烧制的陶人，一排一排，整整齐齐地站立着，足足有800多个。还有100多匹战马和用木头做成的战车。武士们身穿战袍，背挎弓箭威武异常；骑兵手握缰绳和弓箭，穿着铠甲，紧口的裤子，脚上穿着马靴，好像随时准备战斗，护卫秦始皇的地下宫殿哩！

陕北延安是革命圣地，红色遗址甚多，更值得我们去瞻仰。

1.为什么说西安是我国著名古都之一？

2.兵马俑是仿谁的军队制作的？

甘 肃

小沙堆,软又松,

厚厚累积像山峰。

风儿吹,沙移动,

沙子唱歌嗡嗡嗡。

背后的故事

　　世界上已发现100多个沙滩或沙漠能发出奇特的声音。甘肃敦煌附近的鸣沙山东西长40千米,南北宽20千米,高有数十米,北麓就是月牙泉。由于山势陡峭,风吹流沙会发出声响。这与空气湿度、温度和风的速度有关。因为风速、气温、湿度是经常变化的,所以沙粒响声的频率也变化,从而声音也跟着改变。下雨天沙子太湿,就没有响声。

　　甘肃简称甘,地处黄河上游,古代为陇西郡属地故又简称陇。这里住着汉、回、藏、东乡等11个民族。渭河之南是陇南山地,六盘山以东为陇东高原、以西为陇西高原,祁连山以北是著名的河西走廊,是内地通往新疆、中亚的交通要道。

知道万里长城的人，都知道它的东、西两端。西端在甘肃省的嘉峪关，是长城的终点。这一段的城墙呈黄色，它是在黄土中间填上电石和沙砾筑成的。东起山海关，全长 6700 千米，按市里计算，有 13400 里，远远超过万里之长呢。嘉峪关附近的酒泉是卫星发射基地。麦积山、崆峒山、阳关故址、炳灵寺石窟、昌马石窟、榆林石窟、腊子口战役遗址都是著名景点。

甘肃省地下埋藏着极其丰富的矿藏。农民种植小麦、玉米、高粱、棉花、胡麻等作物。本省的河曲马、欧拉羊闻名全国。陇南白龙江、洮河上游有大片森林，南端有油桐、毛竹，陇南山地盛产当归、大黄、党参等药材。

河西走廊的玉门是我国最老的石油基地。此外还有钢铁、机械、纺织、乳品等工业。以兰州为中心的公路、铁路、航空通往四面八方。敦煌东南的千佛洞是举世闻名的佛教艺术宝库，至今保留着大量珍贵历史文物。

考考你

1.你知道长城的最西端在哪里吗？
2.你知道敦煌有什么古迹吗？

宁 夏

小红果,豆粒大,

串串挂在树枝丫。

摘回红果晒干后,

酸甜适口味道佳。

可当甘果可入药,

疗养眼睛人人夸。

背后的故事

　　宁夏回族自治区简称宁,位于黄河中游。银川是自治区首府,本区地跨黄土高原和内蒙古高原,南高北低,中部沿黄河一带为宁夏平原。横亘平原中部的山被黄河切割处叫青铜峡。宁夏平原引水灌溉方便,是主要的农业区。平原西边是南北走向的贺兰山,山下的西夏王陵被称做"东方金字塔",山上的岩壁上有 3000 多年前牧民画的岩画。再往西是阿拉善高原。平原往东是黄土高原的一部分,南部为六盘山地。海原之南有须弥山石窟和黄驿堡古城。

　　宁夏平原水道纵横,稻田遍布,古有"塞上江南"之称。农民种植小麦、稻米、糜子、高粱、玉米等粮食作物,也种胡麻、大麻、油菜、棉花、甜菜等经济作物。矿产资源种类多,石嘴山、平罗的煤、吉兰泰的池盐很有名。另有石油、铁、天然碱、磷、云母、石棉、水晶等矿产。牧民主要喂养牛、羊、马、骆驼。工业以煤炭、电力、机械、化肥、毛纺织为主。从前交通闭塞,现在不仅修了包兰铁路纵贯全区,而且还修了以银川为中心的公路网,另有航空线通往兰州、北京、包头等地。

在中宁一带的山坡上长着一片红红的果子,这就是枸杞。枸杞被宁夏人自豪地称为红果。枸杞的树比较低矮,叶子上面带有尖尖的小刺,开着淡紫色的小花。花谢了,果实就结起了,红红的果子一串串地挂满了枝头,它们有的是圆圆的,有的是椭圆的,放在嘴里甜甜的。枸杞子是一种中药材,还有甘草、发菜等土特产也有名。

考考你

1.你知道枸杞是什么颜色的吗?
2.你知道"东方金字塔"在什么地方吗?

青　海

青海湖,水清清,

湖中小岛多飞禽。

鱼鸥鸬鹚捕鱼儿,

出入湖水不平静。

岛上下蛋孵小鸟,

咸水湖畔鸟兴盛。

　　青藏高原的东北部是青海省,简称青。北部为祁连山和阿尔金山山地,海拔在 4000 米以上。日月山以东黄河及湟水谷地是青海盆地,西北部为柴达木盆地,之南为青南高原,由昆仑山及其支脉巴颜喀拉山组成。巴颜喀拉山是黄河与长江、澜沧江的分水岭。青海盆地是本省主要农耕区,柴达木盆地有戈壁、丘陵、平原、盐湖和沼泽。青南高原上河湖沿岸牧草丰美,是优良的畜牧区。玉树附近有文成公主庙和歇武寺,西宁市内外的寺庙也不少。

　　青海湖是我国最大的咸水湖泊,湖中的鸟岛,是十几种鸟类生活的地方。最有趣的要数鸬鹚了,它的羽毛是黑色的,嘴巴又窄又长,像个圆圆的锥子,前面还有钩。它的下颌有个小口袋,鸬鹚妈妈把捉来的鱼,放进小口袋里,去喂它的宝宝。它的爪子前面有钩,当它潜到十多米深的水里捉鱼的时候,喙上的钩与爪上的钩互相配合,更易抓到鱼。鸬鹚非常善于跟鹈鹕合作,共同捕鱼。它们把鱼赶到岸边沙滩再分别捕食。

农民在沿河平原种植小麦、青稞、马铃薯、油菜等农作物,牧民在高原放牧绵羊、牦牛、马、驴、骆驼等。本省的土特产有湟鱼、麝香、鹿茸、大黄、虫草等。祁连山被叫做"万宝山",柴达木盆地被称为"聚宝盆"。石油、天然气、盐、煤、铁、石棉等矿产蕴藏丰富。

西宁市为青海省省会。兰青铁路、青藏铁路、青藏公路交会于此。新中国成立后新建了钢铁、煤炭、机械、石化等多种工业。

汉、藏、回、土、撒拉、蒙古等众多兄弟民族生活在这里。

1. 你知道青海湖是个什么样的湖吗?
2. 你知道长江和黄河发源地在哪里吗?

河 北

一条玉带像只弓，

横架交河多稳重。

带子两头留八孔，

洪水暴涨好流通。

栏板石雕太精美，

喷水戏珠斗蛟龙。

背后的故事

　　河北省在黄河下游以北，古代属于冀州故简称冀。西北部是重叠的山峦，东南部是辽阔的平原。冀西山地是太行山的一部分，中段的狼牙山是抗日英雄五壮士纪念地。张北高原为内蒙古高原东南边缘的一部分，多内流河、咸水湖沼和草地，是本省畜牧区。冀北山地有不少山间盆地和险要关隘，著名的山海关就在渤海之滨，闻名遐迩的承德避暑山庄也在冀北。此外清东陵、清西陵、北戴河、苍岩山、嶂石岩、野山坡、天桂山、崆山白云洞等亦是有名的景点。河北平原是华北平原的一部分，为本省产粮区。海河、滦河及其支流都为农业浇灌提供了方便。湖泊以北洋淀最大，新中国成立后还修了官厅、潘家口、北大港等大型水库。

本省粮食作物主要有小麦、玉米和高粱。经济作物有棉花、花生和大豆。深州水蜜桃、宣化葡萄全国有名，也产栗、杏、柿、梨等果品。矿物资源以煤、铁、石油、海盐最丰富。轻重工业都很发达。

石家庄市为省会，京广、石德、石太铁路交会于此，市内建有华北烈士陵园，园内有国际主义战士白求恩之墓。市外平山县西北坡是中共七届二中全会会址。本省交通发达，是首都通往全国各地的铁路、公路干线的必经之地。

河北省赵县，有座著名的古桥叫赵州桥，又名安济桥。这座桥是隋朝一个叫李春的石匠师傅，用了十几年的时间修成的。它是一座无碳石拱桥。千万别小看这座桥哦，它在我国，甚至世界桥梁史上都占有很重要的地位。这座桥距今1300多年了，经过多年的风吹雨打，桥身依然完好无损。桥拱倒映在河水里，像一只圆圆的玉环，一半在水里，一半在水上，十分美观。

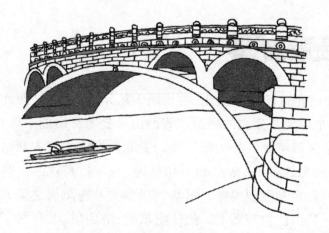

1.你知道河北的赵州桥吗？
2.你知道河北在哪条河的北边吗？

河　南

白牡丹,黑牡丹,

红黄蓝绿紫牡丹。

一个家族多个面,

基因各异色彩鲜。

独具匠心园丁行,

姹紫嫣红人喜欢。

背后的故事

　　牡丹是我国的名花,河南洛阳的牡丹最有名,人们又叫它"洛阳花"。如今,牡丹花已成为洛阳的市花,它的花朵特别大,颜色也特别鲜艳,品种也特别多。每年的春天,一朵朵牡丹花争芳斗艳,开得好热闹。牡丹的根和皮还可以制成中药治病呢。人们称赞说"洛阳牡丹甲天下",国色天香不虚传啊!

　　河南省的多数地区都在黄河以南。因为地处古代中华文明的中心地区,历来就有"中州""中原"之称。河南大部为古豫州地,故简称豫。本省西高东低,北、西、南三面分别由太行山、伏牛山、桐柏山和大别山环抱。中岳嵩山就在郑州西南方,山上有著名的少林寺。洛阳是我国古都,多名胜古迹,以龙门石窟和"天地之间"历史建筑群

最富有观赏价值。汤阴的岳飞庙更值得瞻仰。安阳殷墟、王屋山、神农山、林中山、桐柏山、石人山、鸡公山、林虑山、郑州黄河亦有名气。郑州为河南的省会，京广线和陇海线在这儿交叉，并贯穿全省。它是我国的交通枢纽之一。

本省的河流从西向北、东、南分流。主要有两条：黄河横贯北部流经三门峡谷，至孟津以东流入平原，流速减缓，泥沙沉积，使河道升高，故在两岸筑堤。新中国成立前经常出现决堤造成洪灾，新中国成立后修了三门峡水库，黄河下游的洪水才得到控制。淮河横贯南部，水量充沛，人民政府实施治淮工程，既防洪又为农业提供水源。林县人民修了1500千米的红旗渠，"引漳入林"灌溉，促进了农业生产的发展。

本省物产丰富，工农业都很发达。

1.你知道洛阳的市花叫什么名字吗？
2.你知道郑州为什么是全国的铁路枢纽吗？

山　东

趵突泉，水池中，
一股一股往上涌。
肚里有股热劲儿，
欲罢不能往外冲。
地下资源保护好，
莫让温泉消落空。

背后的故事

　　山东省会济南的泉水很有名，特别是趵突泉。但山东比泉水更有名的是人，这里出了个大圣人孔子。孔子从小家里很穷，没有钱到学校读书，他的学问全靠自学得来。孔子说："三人行必有我师。"晚年他回到家乡，一边讲学，一边整理古书。他教育学生"每事问"，勤思考。后来人们为了纪念这位伟大的教育家，在他的故乡曲阜修建了孔庙作纪念。

　　山东省位于我国东部的黄河下游地区，濒临黄海、渤海。春秋时期为鲁国辖地故简称鲁。中部凸起向四周逐渐低下，东岳泰山耸立于省内中部，东瞰大海，西望平原，莽莽苍苍，气势雄伟。山地丘陵多石灰岩方山，叫"崮子"。东部为低山丘陵和胶莱平原，沿海有盐沼

地。西部、北部是冲积平原，黄河、大运河穿行其间。渤海湾有黄河三角洲，泥沙不断在这儿沉积。

　　本省粮食作物占耕地作物的 85% 左右。农民在平原种小麦、谷子、玉米，在山地种红薯、高粱。经济作物以棉花、花生、烟草、大麻、大豆为主，水果以苹果、梨、桃、金丝枣出名。沿海盛产鱼虾、海带，河湖的淡水鱼也不少。矿物主要有煤、铁、铝、金、石墨、石膏、海盐等。

　　渤海湾的胜利油田是新兴的石油工业基地。此外还大力发展了轻重工业。该省不仅公路密集，而且铁路、水路运输发达。以济南为中心的航空线通往全国各大城市。青岛是著名的海港和疗养地，那儿有崂山、海产博物馆和海水浴场。另外博山、青州和海滨也是有名的风景区。

1.你知道孔子的家乡在哪里吗？

2.你知道趵突泉在哪座城市吗？

山 西

汾河水,水流长,
浇出小麦和高粱。
花生大豆棉麻多,
松杉梨枣遍山冈。
大同阳泉市,
遍布煤铁矿。
壶口夏禹劈,
雷声震天响。

背后的故事

在很久很久以前,有一个叫大禹的首领,为了治理黄河的水患,用一把大斧子在黄河的河道上劈开了一条大峡谷,黄河水就像从天上泻下来似的翻滚奔流,这就是位于山西吉县著名的壶口瀑布。黄黄的水翻卷着,像被灌进了一个巨大的空壶里,发出闷雷般的响声。这"雷声"在很远的地方都能听到。每逢雨季,水势磅礴,激起浪花高达数丈,形成的水雾像黄黄的一层云烟,在空中飘来荡去。

山西省因地处太行山西部而得名,春秋时期本省大部是晋国的领地,故简称晋。本省为黄土高原东部,山势自东向西倾斜,东部晋东山地以太行山为主体。五台山是佛教圣地,它同平遥古城、云冈石窟在国内外都很有名气。北岳恒山、悬空寺、五老峰和北武当山亦是

著名的景点。西部晋西高原山地以吕梁山为主体，中部晋中盆地是主要农业区。主要粮食作物是小麦、玉米、高粱等，主要经济作物为棉花、烟草、花生等。水果有梨、枣，树种有油松和云杉。全省煤炭储量居全国第一，铁资源也很丰富，被称作"煤铁之乡"。此外，铜、硫磺和池盐也很有名。

太原市在本省中央，汾河东岸，纵贯全省的同蒲铁路在此与石太铁路相接。公路四通八达，航空线通往北京、西安、延安及长治、大同等地。市西南晋祠一带水渠纵横，有山西小江南之称。煤炭、钢铁、机械制造、电力、化工、纺织是本省的主要工业。

杏花村的汾酒驰名全国。

考考你

1.你知道著名的壶口瀑布在什么地方吗？
2.山西的什么矿藏居全国之首？

辽　宁

大连海滨像花园，

广场绿地百花妍。

船儿泊在港湾里，

凉风轻抚好睡眠。

　　辽宁省的大连是一座美丽的海滨城市。她在渤海和黄海之间。港口就像母亲宽广的胸怀，里面停满了许许多多的船只，它们都是从世界各国开来的，每只船的最高处都插着自己的国旗。海风吹拂着那些鲜艳的旗帜，飘在蓝天下分外醒目。人们穿着漂亮的衣裳，走在开满鲜花的大街上，若不仔细看，真分不出哪是人哪是花呢。

　　辽宁省地处我国东北的南部，简称辽。东部山地丘陵，由长白山延续部分及千山山脉组成，贯穿辽东半岛。山区林木葱郁，海岸曲折多湾。西部为山地丘陵，包括大兴安岭南段及渤海湾滨海平原。它中部为著名的辽河平原，千里平川，一望无垠；南部辽东半岛滨临渤海、黄海，繁荣富庶，被誉为东北的"金三角"。大连为我国北方的主要港口和花园式城市。丹东也是有名的商港。本省风景区以永陵、玉女山山城最著名，另有千山、凤凰山、金石滩、青山沟、本溪水洞、兴城海滨和鸭绿江风景区。

沈阳市在辽河平原中部，浑河北岸，是本省首会。以它为中心有京哈、沈大、沈吉、沈丹等铁路干线，还有通往北京、长春、哈尔滨、大连等城市的航空线。城北风景区东北有中国人民志愿军抗美援朝烈士陵园。

本省粮食作物以高粱、玉米、大豆为主。经济作物有棉花、花生和柞蚕丝。牧业以黄牛、驴、马最多。矿产有铁、煤、锰、镁和海盐。沿海盛产黄鱼、青鱼和带鱼。

该省重、轻工业都发达，鞍钢是我国著名的钢铁基地，抚顺是煤都，沈阳是机电工业为主的大城市。

1.你知道大连是一座什么样的城市吗？
2.你知道辽东半岛是在哪两个海之间吗？

吉 林

雪花儿,轻飘下,

玉树银枝多桠桠。

宝宝清晨早早起,

松花江畔看凇花。

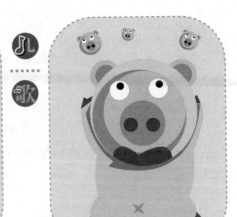

背后的故事

　　在北方,冬天的早晨,当天上还有一些薄薄的雪花三三两两地飘下的时候,松花江边长长的大堤上,柳树枝就像穿上了一层洁白透明的衣裳。这就是雪凇,又叫"树挂"。在寒冷的冬天,靠近地面雾里的小水珠碰到树枝慢慢地凝结成冰,挂在枝头,形成雾凇,使松花江畔晶莹十里,呈现出一派奇特的树挂奇观。

　　吉林省简称吉,地处我国东北中部,东邻俄罗斯和朝鲜。东北三宝人参、貂皮、乌拉草,主要出自吉林东部。这里是长白山地和吉东丘陵,中朝界湖天池为白头山顶火山口湖。山间多小盆地,很富庶,是朝鲜族聚居的地方。西部为大兴安岭山地,北段森林茂密,有东北虎、梅花鹿等珍贵动物。中部松辽平原波状起伏,它西部低平,有草原、沙丘、沼泽、碱泡子。本省中部多河流湖泊,是主要的农业区,东部农林并举,西部农牧并举。主产粮食为稻米、玉米、高粱,其他有糜子、小麦、大豆。经济作物以甜菜、烟草为主,亚麻、向日葵、芝麻次之。牲畜有绵羊、马、牛、骡、驴。松花江、嫩江、松花湖是淡水鱼产区。本省地下资源丰富,以铁、煤、铜为主,也产铅、锌、金。主要工业有采煤、电力、冶金、化工等。长春的汽车制造全国有名。

　　长春是省会,地处京哈、长图铁路的交点,有众多的公路辐射开去。松花江下游通轮船,长春有航空线通往北京、哈尔滨、沈阳等地。高句丽王城、王陵及贵族墓地是著名景区,仙境台和松花湖也是旅游胜地。

1.你知道雪凇是怎样形成的吗?

2.你知道朝鲜族集中在我国的什么地方吗?

黑龙江

北大荒,北大仓,
三江平原出米粮。
大豆玉米超小麦,
人参鹿茸贵麝香。
滚滚石油出大庆,
车车煤炭出鹤岗。
冰雕展览哈尔滨,
纺织造纸与制糖。

　　哈尔滨每年冰雕节都要举行一次冰雕展览。人们用许许多多的大冰块,雕刻成高楼、宫殿、大马、飞龙等各种好看的冰雕,再把它们用彩灯装点出来。白天,在明媚的阳光下,冰雕像一座座玉石,玲珑剔透,非常庄重。到了夜晚,彩灯亮了,冰雕透出色彩艳丽的光芒,我们就像走进一个奇妙的童话世界。

　　黑龙江省位于我国东北北部,简称黑。省内的漠河是我国位置最北的领土。本省地势西高东低,大兴安岭北段纵贯西部,西侧是呼伦贝尔草原,为优良的牧场。小兴安岭在本省北部,有谷地与湿地,还有火山活动形成的堰塞湖。大、小兴安岭之间是松嫩平原,它与三江平原为本省主要农业区。三江平原在东北部,有大片沼泽湿地,是著

名的"北大荒"。黑龙江与乌苏里江是中俄界河,嫩江、松花江、牡丹江为工农业提供了取之不尽的水源。

本省农产品以玉米、小麦为主,高粱、稻米为副,大豆居全国之首。经济作物以亚麻、甜菜、向日葵为主。山林茂密,松树上跳跃着貂与松鼠。乌苏里江的水中游着大马哈鱼,水獭生活在江畔。人参、鹿茸、麝香是名贵的中药材;木耳、银耳、蘑菇也是特产。煤、石油和金是主要的矿产。

大庆油田是我国最大的石油工业基地之一。其次是机械、煤炭、木材、纺织、制糖、造纸等工业。哈尔滨是本省省会,在松花江南岸。有铁路、公路和航空线通往北京及各地。北部的五大连池、南部的镜泊湖是著名的风景区。

考考你

1.你知道冰雕节每年在哪里举行吗?

2.你知道冰雕都是用什么雕刻成的吗?

内蒙古

蒙古包,毛毡团,
点缀绿色大草原。
无数珍珠是牛羊,
奶茶奶酒喝不完。
包头修建炼钢厂,
白云鄂博多宝山。
拉起悠扬马头琴,
牧民生活格外甜。

儿
......
歌

背后的故事

　　内蒙古在我国北方边疆,地域辽阔,西临甘肃,东到黑龙江,坦坦荡荡绵延数千里。内蒙古除阴山和大兴安岭外,其余都是高原。高原上既有茫茫的戈壁, 又有一望无际的草原。现在牧民们还在水草充足的地方建起定居的牧民新村,建设人工草场,培植优良牧草;秋天储藏干草,冬季圈养畜群。

　　阴山南麓是断层陷落的河套平原,那儿渠道纵横,农田遍布,美名曰"塞上谷仓"。河套以东的丰镇丘陵是阴山的延续部分,那里多台地与盆地,是重要农牧区。鄂尔多斯高原东、北、西三面为黄河怀抱,南临长城,中部较高,北有库布齐沙漠,南有毛乌素沙漠;高原上多盐碱湖。鄂尔多斯地下矿藏丰富,石油、煤都非常多。现在,这儿建设成工商业、农牧业综合发展的开发区。一个新型的现代化城市正在崛起。鄂尔多斯之南，伊金霍洛旗的东南边，有成吉思汗陵。忽必烈的元上都遗址在正蓝旗之东北。最有名的景点是扎兰屯东。本区西部海森鲁怪石林与北边的呼伦贝尔湖亦有观赏价值。

内蒙古的白云鄂博有60余种矿藏，真不愧是一座宝山！包钢炼的铁矿石也是从那儿采来的。本区的稀土资源储藏量居世界第一位。此外石棉、石墨、云母、天然盐、碱也多。粮食作物以小麦、莜麦、马铃薯为主，经济作物以胡麻、甜菜为主，牲畜以绵羊、马牛为主，所产药材麝香、青羊血、牛黄、大蓉、甘草、麻黄和川地龙等驰名中外。

内蒙古自治区首府呼和浩特在大黑河以北，京包铁路线上。市西南公园建有革命烈士纪念碑。本区轻、重工业大都是新中国成立后发展起来的。

1.你知道内蒙古高原在哪儿吗？

2.白云鄂博的什么矿产资源储藏量居世界第一？

江　苏

钟山浦口遥相望，
巨龙腾飞跨大江。
船从脚下过，
车从身上趟，
云在天空飘，
人在画中忙。
京沪直达不坐船，
长江大桥第一长。

♪儿

歌

背后的故事

　　站在大轮船上，去看南京长江大桥，你就会发现：它横架在长江两岸，宛如多孔的洞箫。火车鸣笛，轰隆隆地从江上飞过。铁道的上层，是一辆辆奔驰的汽车。要是夜晚来看，灯火相照，就像一条龙，腾跃在江面上。南京长江大桥上层公路桥正桥长 1577 米，引桥长 3012 米；下层铁路桥长 6772 米。它是一座我国自己设计施工建成的铁路、公路双层钢桥。

　　江苏省简称苏，位于华东沿海一带，长江下游。68%的地区为平原，苏北黄淮平原多洼地，有洪泽湖为代表的一系列湖泊。长江三角洲点缀小丘，苏南平原有丘陵，其间有钟山、汤山、栖霞山。全省土壤肥沃，气候宜人，河湖纵横，出产极为富饶。盛产稻麦、玉米、红薯。经

济作物以棉花、花生、油菜居多。太湖之滨产柑橘、枇杷、杨梅和著名的碧螺春茶叶。沿海有丰盛的海产。连云港为陇海铁路的东端港口，仪征是我国重要的化纤生产基地。本省主要工业有机械制造、电子、电力、化工、纺织、食品等，手工艺品苏绣、南京云锦、常熟花边、宜兴陶器、无锡泥塑、扬州漆器和玉雕驰名中外。

省会南京市在长江边，是历史名城，古有六朝在此建都。不仅交通方便，而且多名胜古迹，中山陵、明孝陵、紫金山天文台及雨花台烈士陵园都享有盛名。此外苏州是江南名城，那儿有美丽的太湖和许多优美的园林建筑。扬州的瘦西湖风景也不错。徐州是战略要地，淮海战役烈士纪念塔和纪念馆建在此城。连云港之南的云台山也是有名的旅游胜地。

考考你

1.你知道南京长江大桥上、下两层长是多少米吗？
2.你知道江苏省的地理位置吗？

浙 江

杭州好,西湖美,
普陀观音多慈悲。
宁波钱塘潮水退,
秋风细雨雁声回。
富春江畔稻花香,
舟山群岛鱼儿肥。
龙井珠茶云雾中,
丝绸之乡赏霞辉。

背后的故事

　　浙江省地处华东,濒临东海,以丘陵山地为主,沿海有 1100 多个岛屿。省会杭州是我国著名的古都之一,五代时吴越在此建都,南宋时称临安,曾为行郡。

　　杭州是座著名的花园城市、闻名中外的旅游福地,素有"上有天堂,下有苏杭"的美誉。浙江除了西湖美景、中国丹霞、江郎山、诸葛八卦村以外,还有著名的风景区钱塘江、富春江.新安江、普陀山、嵊泗列岛、天台山、天姥山、方岩、仙都、溪口、雪窦山、双龙洞、莫干山、千岛湖、方山、长屿硐天等名胜。本区山峰连绵,峡谷幽静,林木葱郁,山色秀丽,以雁荡山为最美。省内林业兴盛,杉树松树众多,毛竹有几百万亩。位于近海的舟山群岛是我国最大的天然渔场。

本省的山丘河谷，盆地平原，河网密布，土肥水足，是著名的粮食产区。主产水稻，次产麦类、玉米。经济作物有棉花、油菜、甘蔗。蚕桑生产历史悠久，为我国主产区。浙江产的龙井茶世界驰名，还有珠茶、云雾茶、毛峰佛茶等多种名茶。矿物有铁、铜、铅、锌、硫、煤等，平阳明矾、武义萤石全国有名。杭州的车床、冶金、化工、橡胶、电子工业，宁波的纺织、食品，温州的机械、陶瓷都有名。绍兴建有鲁迅纪念馆，每天来自五湖四海瞻仰大文豪的群众确实不少。此外，绍兴酒也闻名全国。

沪杭、浙赣铁路是交通大动脉，以省会杭州为中心的公路网覆盖全省。宁波是著名的商港，嘉兴是中共一大第二会址。

1.你知道浙江有哪些风景名胜区吗？

2.你知道浙江有哪些名茶吗？

安　徽

背后的故事

　　安徽有两个地方——西递、宏村很有名，那里的房子别具一格。它们被学者称为"中国明清民居博物馆""中国古民居建筑的宝库"。我们国家发行的邮票上面，就有这些老房子呢。它们不同于其他地方的房屋建筑，主要是外面的墙很高，墙上的窗孔却很小；瓦是黑色的，与白墙形成鲜明的对比；树被修剪成"牛"字形，房屋被水塘包围着，倒影在水里，显出一种格外静谧的景象。

　　安徽省位于华东西北部，因有皖山（天柱山）故简称皖。本省南有长江，北有淮河。南部山区多丘陵，我国著名的风景区黄山和佛教圣地九华山，都耸立在那儿。黄山多奇松怪石，云海激流；九华山多菩萨罗汉、游客僧侣。俗话说"五岳归来不看山，黄山归来不看岳"，

真是妙不可言！岳西的天柱山、滁州的琅琊山、宣城东面的太极洞、采石矶南的李白墓亦不乏游客。北部平原湖泊甚多，以巢湖最大，花亭湖最有名。淮河、长江的支流众多，人工渠道纵横，农业发达，是我国的"鱼米之乡"。淮河以北主产小麦、高粱，淮河以南主产水稻、小麦。经济作物以油菜、棉花为主，茶叶"祁红""屯绿"畅销国内外。林产品有杉松、毛竹、桐油，中药材有菊花、石斛。

淮南、淮北煤炭丰富，马鞍山的铁、铜陵的铜甚多，此外石膏、石棉、石墨、砩石储量也可观。本省的煤炭、钢铁工业发达，还有冶金、电力、化工、纺织等工业。铁路有京沪、淮南、宁芜、濉阜等干线。以省会合肥为中心的水陆空交通都很方便。

考考你

1. 你知道被称为"中国明清民居博物馆"的地方是哪里吗？

2. 你知道黄山在哪里吗？

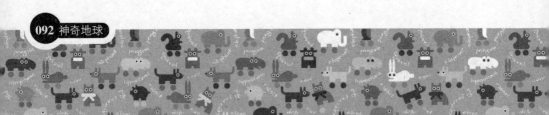

江 西

井冈山，大又高，
峭壁森林有芳草。
毛竹扁担闪悠悠，
月亮星星长闪耀。
井冈山，溪流多，
喝口清泉唱新歌。
唱得火车穿洞过，
唱得太阳永不落。

　　登上江西庐山，山上的雾总是缠绵袅绕。一会儿在我们的头顶，一会儿又在我们的脚边。你赶它，它也不走，恍惚迷离，多像个调皮的孩子。太阳照耀它，更是流光溢彩，变幻无穷！时隐时现变化多端的是雾，歌声不断展现无比的可就是瀑布了。"飞流直下三千尺，疑是银河落九天"的诗句，脍炙人口，流传至今。

　　江西省在华东的西南部，长江的南岸，因境内有赣江故简称赣。南部山岭起伏，北部江湖密布，仿佛一个坐南向北的巨型开口盆。长江从北部流过，南部有全国最大的淡水湖——鄱阳湖。著名的庐山屹立其间。赣西罗霄山脉中段便是举世闻名的井冈山，1927年毛泽东在这里建立了第一个农村革命根据地，开创了中国革命的新纪元。

瑞金和茨坪也成了红色纪念地。

省会南昌在鄱阳湖之滨，水陆交通都很方便，有赣江、鄱江等五条河流汇聚于湖，京九线贯穿全省在这儿与浙赣线、湘赣线相交。1927年8月1日，中国共产党在此发动了武装起义，从此这天便定为建军节。滕王阁在南昌西郊，唐朝王勃作的《滕王阁序》当时就语惊四座，不仅文采美轮美奂，而且声韵铿锵和谐，一千多年来流传不衰。德兴市东的三清山、鹰潭南的龙虎山、弋阳南的龟峰闻名世界，另外云居山、柘林湖、仙女湖、高岭、瑶里、五指峰、武功山、三百山和灵山都是有名的风景区。

本省盛产稻米，并产油料、茶叶，河湖多鱼虾。除钨矿驰名世界外，煤、铁、铜、铅、锌也蕴藏丰富。工业以钢铁、有色金属居首，其他工业也蓬勃发展，景德镇的瓷器享誉古今中外。

1.你知道庐山在什么地方吗？

2.你知道井冈山在什么地方吗？

湖 北

三峡大坝真雄伟，
拦腰截断长江水。
船闸好像升降机，
托起船儿上下飞。
船在库中缓缓行，
两岸山峰映霞辉。
山山水水看不尽，
电灯万盏人陶醉。

儿
……
歌

背后的故事

位于湖北省境内的三峡大坝,在宜昌五斗坪,是长江上最大的一座水力发电工程。它把水拦起来发电,既不影响行船,又能防洪抗旱,这是多好的一件事啊!轮船通过三峡大坝是件非常有趣的事。大坝把水拦住了,像一座高高的城墙。船儿上引时,先驶进船闸,随后关上外闸门,再打开内闸门,让上游的水流进闸内。原来低低的水,很快就升高了, 船自然也提升起来。闸内的水跟大坝内的水面一样高的时候,船就可以开进上游了。船往下行,恰好相反,水就像个天然的升降机。

湖北省因地处洞庭湖以北而得名, 省会武汉为国内重要的水陆交通枢纽,人称"九省通衢"。武汉长江大桥的南桥头,有座古今闻

名的建筑叫黄鹤楼。楼中墙壁上刻有历代文人吟咏之作，其中要数唐朝崔颢题诗最有名，连大诗人李白都佩服他哩！

　　本省三面环山，向南敞开，是个不完整的盆地。地势西高东低，西部由大巴山、巫山、神农架、武当山组成，其中武当山是中国道家的发源地。钟祥市之北有明显陵。东部是长江、汉水冲积的平原，河湖密布，也是著名的"鱼米之乡"。歌剧、电影《洪湖赤卫队》就取材于湖北的南部洪湖地区。

　　武汉市由武昌、汉口、汉阳三镇组成，是长江、汉江把它们分开的。它是我国重要的工业基地。武昌有中央农民运动讲习所旧址和毛主席旧居等革命纪念地。武汉东湖、襄阳西面的隆中、张集东面的大洪山都是有名的风景区。

1.你知道三峡水利工程在什么地方吗？

2.你能说出船儿是怎样通过三峡大坝的吗？

湖 南

岳阳楼,湖岸边,

飞檐翘角绕云烟。

吞长江,衔远山,

浩荡洞庭窗棂间。

古人诗文刻壁上,

谁个不晓范仲淹。

背后的故事

　　位于湖南省岳阳市境内的岳阳楼建在洞庭湖东岸,已有一千多年了。它与武昌的黄鹤楼、南昌的滕王阁一起并称"江南三大名楼"。岳阳楼濒临烟波浩渺的洞庭湖,人们用"洞庭天下水,岳阳天下楼"来赞美岳阳楼的雄伟和洞庭湖的美丽。站在岳阳楼上往远看,八百里洞庭湖全在眼前,它就像衔着远处的山,吞没了长江的水一样,浩浩荡荡一望无际。南宋庆历年间,滕子京谪守巴陵郡,重修岳阳楼,请范仲淹作记。范文公借景抒怀,他的"先天下之忧而忧,后天下之乐而乐"的精神,值得我们学习。

　　在岳阳楼之南,汩罗市之北的湖畔,有一座屈原祠。那是战国时期的人民为纪念楚国大夫而修建的祠堂。香火几千年而不衰,可见

爱国诗人在人们的心中根深蒂固。湖南人杰地灵，名人、伟人不少，毛泽东主席和彭德怀元帅的家乡就在湖南。韶山、湖南第一师范、岳麓山爱晚亭等都是革命纪念地。声名鹊起的武陵源雄奇险峻，去旅游的人盖过了南岳衡山。新宁之南的崀山颇有丹霞盛名，此外桃花源、猛洞河、德夯、紫雀界梯、梅山龙宫、万佛山、侗寨、南山、东江湖、苏仙岭、万华岩、虎形山、花瑶亦是有名的旅游胜地。

湖南省多数地区地处洞庭湖以南，湖泊众多，河网遍布。全省农业发达，盛产水稻、油菜、茶叶、柑橘和多种水产，是著名的"鱼米之乡"。

地处京广线的长沙是本省的省会。湘桂、浙赣、湘黔、娄邵等铁路与京广线相交，构成了铁路、公路网络。常宁的铅锌矿闻名全国，新化的锑矿闻名世界。本省以有色冶金带动其他重、轻工业蓬勃发展。

考考你

1.你知道岳阳楼在什么地方吗？

2.你知道湖南有哪些革命纪念地吗？

广　东

五仙人，披彩衣，

骑着羊儿笑嘻嘻。

羊嘴衔来优良种，

稻穗扬花香千里。

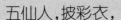

　　广东省的省会广州还有个名字叫羊城。为什么叫羊城呢？传说在很久很久以前，有五位仙人，身穿五色衣，骑着五色羊，驾着五色云，五只羊嘴里都衔着金光四射的稻穗，当他们飞到广州上空，就停住云头降落下来，把稻穗送给了广州人民种植。五位仙人脚踏云彩飞走了，留下的五只羊变成了石羊。这里的农民因为种植水稻，才过上丰衣足食的日子。为了纪念羊衔稻穗的事，于是把广州叫做羊城或者穗城了。

　　广州是我国南方的大门，也是一个富有革命传统的历史名城。林则徐在这儿焚烧鸦片，抗击英军的侵略。孙中山在这儿创办了中国第一所军校——黄埔陆军学校，周恩来和叶剑英在该校任政治部主任。市内有农民运动讲习所。黄花岗七十二烈士静静地躺在市区。此外，大元帅府、邓世昌纪念馆、鲁迅故居都是值得参观的地方。开平碉楼与村落、仁化的丹霞山世界有名。惠州西湖、肇庆星湖、罗浮山、梧桐山、西樵山、湖光岩都是闻名遐迩的风景区。

　　广东省地处华南，濒临碧波万顷的南海，紧邻香港、澳门，拥有广州、深圳、珠海等现代化城市。珠江三角洲是本省重要的工业区。珠江是中国第五大河流，由东、北、西三江汇合而成。三江支脉多，水量、物产丰富，是著名的"鱼米之乡"。稻米占本省粮食总产量的五分之四，其他粮食作物的产量也很高。四大名果为香蕉、菠萝、柑橘、荔枝。热带植物橡胶、油棕、剑麻、咖啡、可可、香茅、胡椒种植也多。渔业居全国第一。

考考你

1.你知道广州为什么叫羊城吗？
2.为什么称广东省为"鱼米之乡"？

广　西

桂林山水甲天下，

阳朔风景甲桂林。

岩溶地貌造奇景，

壮乡对歌动真情。

灵渠陡军今何在？

留下船闸气象新。

♪儿
········
歌

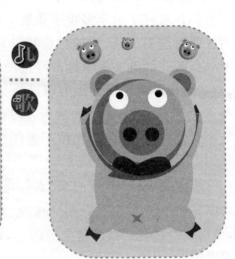

背后的故事

　　广西壮族自治区位于我国华南西部，南濒北部湾，是壮族聚居的地方。广西地处亚热带，气候温和，雨量充沛，洞多、山奇、河流清澈，山水相依，以漓江风景为第一。广西西北高，东南低，中部盆地丘陵起伏，像桂林山水那样的岩溶景观甚多。自古流传有"桂林山水甲天下，阳朔风景甲桂林"。广西的山由石灰岩组成，经过长期地下水冲蚀便形成了千奇百怪的溶洞。再加上地壳运动不断抬升，才有众多挺拔的山峰和奇特的岩洞景观。桂平西山、花山、冷水瀑布、德天瀑布、左江石景林、珍珠城、鹅翎寺、柳侯祠、清风楼都是有名的风景。红军第七军军部旧址、十万大山森林公园、土司衙门祠堂可供参观游览。

在漓江的上游兴安县境内，有一条灵渠非常有名，它是两千多年前秦朝人修的。秦始皇统一了中国北方和江南就剩下岭南的小国了，他派兵攻打了一年多也未获胜。原因是粮草接济不上削弱了战斗力。当时没有公路，运输粮食靠马驮，南岭山高路陡，驮马翻越十分困难。唯一的办法是水运，经过勘察发现，湘江的上游与漓江上游，有一段仅隔六十里的地方可以修渠。渠成却不能通航，因为渠道两端水位落差太大。聪明的古人分段修闸，解决了通航的难题。当时派陡军管闸，战事结束后仍留下继续工作，代代相传，至今尚能找到陡军的后人。

广西河渠纵横，温暖湿润，农作物一年两熟或三熟。以稻米、玉米为主，甘蔗、花生也多。还产橡胶、咖啡。北部湾大渔场产鱼上百种，沿海盛产珍珠。锰产量全国第一，锡、钨、铅储量丰富。工业交通也很发达。

考考你

1.你知道广西最多的居民是什么民族吗？
2.你知道灵渠起什么作用吗？

海　南

金沙滩，银沙滩，
光着脚丫堆沙山。
堆个城堡请你住，
堆个乐园大家玩。
太阳见了不想走，
海水悄悄爬上岸。
椰子笑着弯弯腰，
轻轻摇动手中扇。

背后的故事

　　海南省可是个长满椰子的地方哟，所以人们又称它为椰岛。椰子果外面穿着绿衣服，里面有一层硬硬的壳，壳里面有一层白白的椰肉，这肉可以榨成我们平常喝的椰奶。椰子肉也可以榨成油，五个椰子就能榨0.5千克油呢！椰壳可以制成碗，椰树的叶子还可以做成扇子。怎么样，椰子的好处真不少吧！此外，海南岛上的橡胶树生长良好，是我国橡胶的重要产地。

　　海南岛南边有处海滨，古人在石头上刻了"天涯海角"四个字，意思是极偏僻的地方。南宋有个多才多艺的文学家苏东坡，曾被朝廷贬到海南岛做官。当时海南岛住的是土著人，被统治阶级视为蛮荒之地，把苏轼派到那儿做官是一种惩罚。时过境迁，现在的海南岛可成了天堂，离"天涯海角"不远的地方便是三亚凤凰国际机场，每年都有成千上万的游客乘飞机来海南岛度假旅游。岛上车水马龙，海上游船如织。岛上有博鳌亚洲论坛会址、琼崖纵队司令部旧址、东坡书院、宋氏旧居、宋庆龄纪念馆、白鹭鸟乐园、尖峰岭国家森林公园、毛公山特殊形象自然景区等名胜。

　　海南省是我国较年轻的省份，也是目前最大的经济特区，包括海南岛及西沙群岛、中沙群岛、南沙群岛等岛屿，海域辽阔，碧波万里。岛上热带植物茂盛，水里鱼儿繁多，海底油气丰富。海口市为本省省会，以轻工业为主，带动海南经济发展。为保卫海疆，我国在永兴岛建立了三沙市。

考考你

1. 你知道海南省包括哪些岛屿吗？
2. 你知道椰子的好处吗？

福 建

鼓浪屿，日光岩，
站在岩上望台湾。
阿婆房上晒干鱼，
阿公岸边忙划船。
鼓浪屿，月儿弯，
坐在岸边盼月圆。
头顶蓝天隔着海，
阿婆阿公何时还？

　　位于福建省厦门市的鼓浪屿是个风景如画的小岛。岛上全是步
行街，没有汽车。高高的大榕树随处可见，枝叶浓密，像把大伞展开
着，三角梅一片一片的，有紫色、浑红、砖红、橙黄和白色的。在岛上，
到处都能听见钢琴奏出的美妙乐曲，那些花和树都像听着音乐在长
大、开放。我们登上鼓浪屿的最高处，就能看见对面的金门岛，公路
上的人骑着自行车，都看得清清楚楚的呢。站在胡里山炮台，还能看
见海对面的大担、二担岛，台湾岛离我们多近啊。

　　福建省位于我国华东的南部，与台湾省隔海相望。闽江为本省大
河，故简称闽。西部边境的武夷山脉位于闽赣之间，由石英岩、砂岩
构成的山顶多悬崖绝壁，奇峰挺秀，颇为壮观。西部山脉与海岸平

行,山间多河谷盆地,河流下游及沿海是平原。海岸曲折形成天然良港,沿海有1100多个岛屿,以厦门、平潭、东山、金门、马祖等较大。除了闽江较长外,还有九龙江、晋江、木兰溪、大樟溪等八条河流自成系统,独流入海。本区雨量充沛,森林植被全国第一。福建土楼、泰宁丹霞和武夷山是世界闻名的景点。另外佛子山、太姥山、清源山、鼓山、宝山、桃源洞、玉华洞、鸳鸯溪、金湖、海坛等都是旅游胜地。

本省农、林、渔、副、牧业都发达,农作物两至三熟,主产稻、麦。经济作物有甘蔗、油菜、花生;武夷岩茶、茉莉花茶、铁观音茶都很有名。还盛产水果荔枝、菠萝、桂圆、橘子,土特产有笋干、香菇、银耳、松香等。矿产也丰富。福州是省会,它和厦门、泉州等都是重要港口。工业交通也很发达。

考考你

1.你知道鼓浪屿在什么地方吗?

2.你知道站在日光岩上能看望对面的哪座岛吗?

香　港

香港岛，产沉香，
风起云涌漂过洋。
"九七"回归日，
"东方明珠"亮。
国际"三中心"，
天然深水港。
一国两制好，
特区经济强。

♪ 儿
......
歌

背后的故事

南海之滨，珠江口东侧的九龙半岛和香港岛，便是香港特别行政区的辖区。

古代，香港岛生长一种能散发浓郁香气的沉香树，所以，从广东迁去的渔民住在渔村，出海打鱼时便叫自己的家乡为香岛。后来，西方的商人来中国通商，常到香岛的北面海滨停泊海船，上下货物，这儿便成了天然的优良港口，于是香岛便改为香港。这个面积为1104平方千米，人口700多万的地方，曾被19世纪的英帝国通过三个不平等条约侵占了，直到1997年7月1日才回到祖国的怀抱。

香港市区包括香港岛北部和九龙半岛南端，其间海港的水域既深又宽，可同时停泊一百多艘万吨级巨轮。香港是个自由贸易港，由于免收关税,商品价格较便宜,人们称香港为"购物者的天堂",各国商人都乐意来此做生意。因为商业发达,来自各国的商人需要交换货物,兑换钱币,所以需要银行,每个国家都来开银行,这儿便成了世界金融中心。于是人们把香港叫做"东方明珠"。

21世纪初,全世界爆发了金融危机,西方的工厂、银行纷纷倒闭,汹涌澎湃的浪潮势必冲击香港这个金融中心。然而它在祖国强大经济后盾的支撑下,安若泰山,丝毫未动。新生的香港将永远保持繁荣与稳定,因为它的命运和祖国紧紧地连在一起。京九线通过青马大桥可直达香港机场。九龙半岛南端有四条海底隧道直通香港岛。香港的轮船、飞机开往世界各地。

考考你

1.你知道香港是什么时候回归祖国的吗?
2.为什么说香港是"购物者的天堂"?

澳 门

一半岛,两小岛,
中间架起公路桥。
博彩旺,旅游好,
八景名胜长虹高。
成衣贵,玩具俏,
促进加工对外销。
"九九"回归人心畅,
澳门前程多美妙。

背后的故事

　　珠江下游西岸的澳门特别行政区,由澳门半岛、氹仔岛与路环岛组成。秦始皇统一中国时,澳门由南海郡番禺县管辖。

　　16 世纪葡萄牙商人看好了这块地方,借口上岸晒货物就在岸上搭篷留宿。后来通过贿赂地方官吏,开始修房造屋,作为囤货仓库,同时获准在澳门半岛暂时居住。鸦片战争后,澳门才被葡萄牙人侵占。1999 年 12 月 20 日,澳门又回到祖国的怀抱,重享母亲的温暖。

　　澳门经过移山填海,使总面积从 12.69 平方千米增到 29.7 平方千米,氹仔岛的面积几乎扩大了一半。在澳门半岛与氹仔岛之间,修了三座大桥:西湾大桥、澳氹大桥和友谊大桥。最短桥有 2.57 千米,最长的桥6、7千米。氹仔岛东边海滨是澳门国际机场,这个机场与众不同,它的跑道别具匠心建在海上。澳门北面有陆路与珠海市拱北口岸连通,南面濒临浩瀚的南海。澳门虽然不像香港那样是通商大港,但它仍有码头可泊轮船。过去澳门只有博彩业和旅游业,近年也出口成衣和各种玩具以及一些轻工业产品。

澳门半岛有澳门博物馆、孙中山纪念馆、赛车博物馆、白鹤巢公园、莲峰庙、观音古庙、普济寺禅院、宋玉生公园、渔人码头、音乐喷泉、望厦山市政公园等,氹仔岛有花城公园,路环岛有石排湾郊野公园供人们参观游玩。

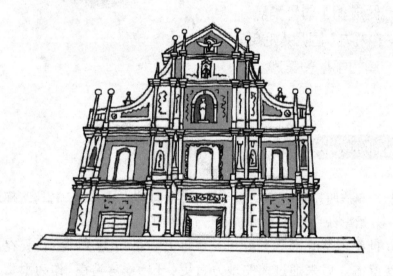

考考你

1. 你记得澳门是哪年哪月哪日回归祖国的吗?
2. 澳门现在比过去多了哪些行业?

台　湾

天蓝蓝，海蓝蓝，

日潭月潭紧相连。

日月同辉湖光美，

照耀祖国好河山。

　　台湾的阿里山和日月潭是我们最熟悉的地方了。阿里山上，有一棵古树在那儿生活了 3000 多年，树干特别粗，要 20 个小朋友手拉手才能围住。它叫红桧，人们又管它叫"神树"。日月潭是台湾最大的天然湖。湖中有一座小岛，岛的北边像太阳，人们叫它日潭；岛的南边像月亮，人们叫它月潭。它们在群山环抱中，平静的湖水像两面镜子，映照着周围的美景。台湾省位于我国东南，在东海和南海之间，包括台湾岛及附近的澎湖列岛、钓鱼岛、赤尾屿等岛屿。台湾岛是我国最大的岛屿，山川秀丽，气候宜人，森林茂密，物产丰富。

　　台湾岛上的人民除了少数高山族外，大多数人是福建、广东的移民。自古以来与祖国大陆有着千丝万缕的联系。由于台湾是个富饶

美丽的地方,外国殖民者都想霸占它。17世纪它曾被荷兰殖民主义者侵占,后来被民族英雄郑成功收复;1845年中日甲午战争后又被日本侵占,直到1945年抗战胜利,日本才把台湾还给中国;1949年蒋介石被中国人民解放军赶到台湾,美国又把它当做不沉的航空母舰。台湾政坛的右翼势力公然搞"台独"活动,企图把台湾从祖国分裂出去,遭到全国人民的反对。现在,就连台湾的右翼分子也不得不承认,如果不同大陆搞好团结,就得不到台湾人民的拥护。海峡两岸已实现"三通",经济互补双赢,人员往来自由,台湾和大陆在"九二"共识的基础上,迈步向前。

考考你

1.你知道美丽的日月潭是怎样设名的吗?

2.你知道"神木"是什么树吗?

大家庭

地球村,大家庭,
里面住着各种人,
欧洲人,白皮肤,
信奉天主和耶稣。
亚洲人,黄皮肤,
膜拜伊斯兰、道、佛。
非洲人,黑皮肤,
争得自由不作奴。
美洲人,棕色肤,
但求平等免杀戮。
黄白黑棕一家人,
理当和平长共处。

儿

歌

你见过外宾吗?他们的肤色和头发有何特征?我们亚洲人大多是黄皮肤、黑头发、黑眼珠。欧洲人一般都是白皮肤、黄头发、蓝眼珠。非洲人是黑皮肤,美洲印第安人是棕色皮肤。肤色是由遗传基因造成的,而宗教信仰却由自己的思想决定。对于政治上的要求,则与不同的社会制度和经济条件有关。非洲人长期被殖民者奴役,当作商品买卖,因此他们迫切需要独立与自由。而美洲的土著人曾经被白人追赶、屠杀,因此他们渴望平等与人权。

现在,有不少人类学家认为,地球上的人有着共同的祖先,从遗传基因的共通性就可证明。既然有相同的祖先,那么他们在哪里?考古学家回答说在非洲。据说6500万年前,非洲和亚洲连在一块,亚洲

同北美洲也连在一块，为了寻找食物，非洲的猿猴就是通过亚洲走到美洲的。为什么会有肤色的差异呢？这是因为几十万年生活在不同的地方，接受阳光的紫外线照射也不同，自然会出现不同的肤色。遗传基因出现微小的变异也不足为怪。

为了和平共处，调解争端，维护正义，共同繁荣，二战后地球上出现了联合国组织。现有成员两百多个，安理会常任理事国有英、美、法、俄、中。秘书长由非常任理事国的人员担任，现任长官是韩国人潘基文。他负责联合国的日常事务，协调各理事国间的关系。联合国的目标是使我们这个地球大家庭更加和睦、幸福。

考考你

1.你能说出欧洲人的特征吗？

2.不同肤色的人为什么理当和平长共处？

东　亚

日本国,挨太平,
拖着木屐游海滨。
朝鲜半岛高丽参,
蒙古草原马奔腾。
中国地大物产盛,
越南培植橡胶林。
台风来袭早报警,
免得房倒伤着人。

背后的故事

　　春节是我们国家的传统节日,也是小朋友们最快乐的日子。学校放寒假了,大家可以和爸爸妈妈一起出去爬山、看海、游公园。与我们国家比邻的韩国、朝鲜、越南等国家,同我们一样,也要过春节。越南不仅要过春节,还要和我们一样,过端午节和中秋节呢。东亚是指亚洲的东边、太平洋的西侧,包括中国、韩国、朝鲜、日本、蒙古、越南等国家。蒙古人骑马牧羊,被称作"马背上的民族"。中国是历史悠久的文明古国,也是东亚领土最辽阔的大国,万里长城是中国的象征。富士山则是日本的象征。

　　东亚共同的大敌是台风,台风起于台湾东方太平洋热带海面。巨大的热气旋流形成的强风,往往超过 12 级,曾经的"鲇鱼"台风达到

17级。台风卷起的巨浪高过10米，连轮船也能掀翻。风头登陆，可摧毁房屋，折断大树，刮倒电杆。大风伴随倾盆大雨，顿时暴发洪水。台风过后一片狼藉，情状凄凉。从台湾北方经过的台风可达江苏、山东、韩国、日本，从台湾本土经过的台风可达福建、浙江，从台湾南方经过的台风可达广东、广西、越南。总之，沿海居民深受其害。现在有气象卫星探测，能及时把海洋上空的云图发到气象台。因此，台风预报相当准确，人们可提前预防，尽量减少经济损失，避免人员伤亡。

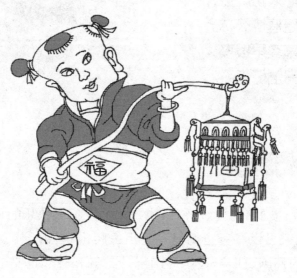

1.你知道东亚哪个国家面积最大吗？

2.你知道日本的象征是什么吗？

东南亚

高脚楼，楼吊起，

离地约有一两米。

风儿猛，雨儿急，

地面潮湿没关系。

脱了鞋子进木楼，

睡在楼上挺舒适。

背后的故事

　　在东南亚，天气比较湿热，人睡觉离地面太近容易染湿气，所以，这里的人住房很特别，样式有点像我国的傣家竹楼。他们把竹木楼高高地架起来，下面空空的，只有十几根柱子接触地面，这叫高脚楼。它除了能除湿气，还有一个好处就是能预防毒蛇、猛兽。无论是老挝、柬埔寨、泰国人还是马来西亚、新加坡、菲律宾人，他们的高脚楼的式样大致相同。他们还有个特殊的习惯，穿鞋是绝对不能进屋的。这样可以避免把泥土、湿气带进屋。

　　亚洲东南部可以分为中南半岛和马来半岛两大部分。中南半岛因为位置在中国以南而得名，有缅甸、老挝、泰国、柬埔寨等国家。马来半岛有马来西亚、新加坡等国家。

东南亚生长着茂盛的热带植物，如橡胶、菠萝、可可、香蕉、椰子、龙血树等，这个地区的水稻一年两至三熟，有好几个国家都出口大米。由于森林多，野生动物的种类也非常多。有稀少的大象、犀牛，濒临灭绝的苏门答腊虎、长臂猿，羽毛漂亮的孔雀、翎鸡，毒性极大的百步蛇、烙铁头蛇，令人难防的旱蚂蟥、山蜂等。

　　马六甲海峡是从印度洋到太平洋的咽喉要地，具有非常重要的战略意义。印度尼西亚被称为"千岛之国"，海洋大陆架甚宽，蕴藏丰富的石油。

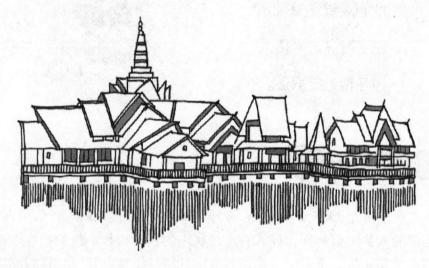

1.你知道东南亚是由哪个半岛和群岛组成的吗？
2.你知道高脚楼是用什么做的吗？

南　亚

小茶杯，口口圆，

里面装水好香甜。

大家都来喝口水，

仰头张嘴不沾边。

高举水杯往下注，

细水长流滴舌面。

背后的故事

　　在印度这个国家，人们习惯用手抓饭吃，更有趣的就是印度人的喝水技能。他们喝水可以好几个人用一个杯子，喝水的人右手拿着杯子，把头仰起来，将水慢慢地倒入张开的嘴里，一杯水能不停地流进嘴里，中间也不停歇。

　　亚洲南部地区三面临海，主体部分是"印度半岛"。南亚北面是高耸入云的喜马拉雅山，南面是广大的德干高原，中部是肥沃的恒河平原和印度河平原。南亚有印度、巴基斯坦、孟加拉国、尼泊尔、不丹、斯里兰卡等国，其中印度面积最大，人口最多，物产最丰富。每年春天，西藏高原的冰雪融化，恒河水涨灌溉了沿岸的农田，人们就开始春耕播种了。印度南部的水稻每年可熟两三次。玉米和薯类的产

量也很高,香蕉、菠萝、可可也不少。野生动物除了大象、亚洲狮外,还有少量的印度豹和孟加拉虎。

印度人崇尚佛教,它的邻国尼泊尔就是佛教的发源地。巴基斯坦人信奉伊斯兰教,只因信仰不同,巴基斯坦才从印度独立出来。马尔代夫和斯里兰卡都是印度南边海中的岛国,所不同的是马尔代夫要小得多,而且地势相当低,气温升高冰川融化,海平面上升几米就会全国淹没。而今马尔代夫打算建凹形岛,就是把中部的土石搬到四周做成大堤挡海水。

 考考你

1.岛国斯里兰卡与马尔代夫有什么不同?

2.你知道南亚有几个国家与中国相邻吗?

中 亚

儿

歌

背后的故事

  在哈萨克斯坦和乌兹别克斯坦两个国家的中间,有一个咸水湖泊——咸海,原来的面积有 6.8 万平方千米,现在已经逐渐缩小了。这是因为人们把大量的河水引去灌溉农田,流到湖里的水自然会减少。此外,由于干旱少雨,烈日照射,大风吹刮,咸海里的水蒸发很快,而盐分却留了下来,因此湖水变得越来越咸。再加上围湖种植,咸海怎能不一天天缩小?

  中亚地区数哈萨克斯坦最大,另有土库曼斯坦、吉尔吉斯斯坦、乌兹别克斯坦、塔吉克斯坦等国。它们是内陆国和高山国,全部信奉伊斯兰教。在这些国家里,除了沙漠就是草原。它们的畜牧业很发达,主要牲畜有绵羊、山羊、马、驴、骆驼等。在河谷湖畔水源充足的地方，也种庄稼。它们主要种植小麦、玉米、马铃薯等粮食作物。经济作物以棉花和油菜为主。这些国家的地下也蕴藏丰富的天然气和石油。

中亚国家古代就同我国有往来，"丝绸之路" 就是贸易的通途。据郭沫若考证，唐代大诗人李白就出生在巴尔喀什湖畔的碎叶城，其父做生意把他带到了中原。虽然有人怀疑，但是唐朝以前就有商人走在"丝绸之路"上，这是不争的事实。巴尔喀什湖附近的阿克斗卡是中亚的交通枢纽，从这里往东与我国的铁路相接，可直达我国东海之滨连云港。往西可到莫斯科，甚至西欧的巴黎。往北与西伯利亚大动脉相通，往南则可到阿拉木图，以及里海。

考考你

1.你知道中亚地区哪个国家面积最大吗？
2.你知道逐渐在缩小的海是什么海吗？

西　亚

亚洲有只大"靴子"，

一脚踩在海洋里。

红海洗洗靴后跟，

阿拉伯海在靴底。

大靴蕴藏石油多，

阿拉伯人笑眯眯。

背后的故事

　　位于西亚的波斯湾盛产石油。波斯湾附近的陆地上，一望无际的黄沙杳无生机，非常荒凉。可是，当你仔细观察就会发现，沙漠上许多地方都竖立着钢铁井架。这些井架是干什么的呢？原来在金色的沙漠下面隐藏着黑色的油海。全球 20 多个大油田，波斯湾就占了一半，所以说西亚是世界上重要的石油宝库。这里的国家也因为出售石油而富裕起来。

　　在中东有一个深蓝色的盐湖叫死海，鱼儿游进湖里就窒息而死。该地区气候干燥，降雨稀少而蒸发量特别大，哪怕周围有 100 多个温泉向死海供水，也入不敷出。你想夏天 50 多度的高温要晒干多少水。结晶的盐块漂浮在湖面就像破碎的冰块。人躺在湖面上还可

以看书哩!

在阿拉伯半岛上的国家,多数居民为阿拉伯人,只有以色列是犹太人。他们同巴勒斯坦为争地盘斗了几十年,而今还时常发生摩擦。两伊战争停息不久,伊拉克因并吞了科威特,立即遭到美国的打击,十多年来一直动荡不安。阿富汗塔利班制造了"9·11"恐怖事件,美国接着派兵攻打阿富汗。叙利亚在外国的颠覆下,又燃起了战火。比较强盛的伊朗,因核问题而受到北约的经济制裁。西亚地区真是不平静!

美索不达米亚平原,自古就是农业中心地区。两河流域的文明延续了3000多年,至今被人们颂扬。《吉尔伽美什》英雄史诗是世界上最早的史诗。

考考你

1.你能看出西亚在地图上像什么吗?

2.你知道西亚什么矿物最多吗?

俄罗斯

俄罗斯,国土宽,
一列火车走七天。
东边南边是山地,
北边西边有平川。
夏季温暖太短暂,
冬季漫长更严寒。
贝加尔湖生物多,
这里不缺水资源。

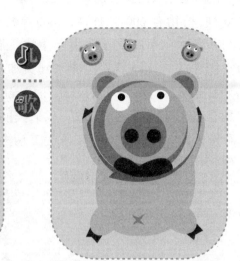

背后的故事

俄罗斯是全世界面积最大的国家。那到底有多大呢?假如我们乘上一列火车,从最东边出发,到达最西边,刚好要用一个星期的时间,怎么样,够大的吧?

俄罗斯地域辽阔,从东到西有1万千米以上,总面积1700多万平方千米。亚洲部分的西伯利亚是广袤的大森林,这儿大半年都是冰天雪地。因此,许多野生动物都要冬眠。它们在暖和的夏季尽量吃好储存脂肪,以便冬眠时慢慢消耗热量。黑熊、麝鹿、西伯利亚虎都是这儿的珍稀濒危动物。

在西伯利亚的南部,有一个世界上最深的淡水湖叫贝加尔湖,面积3.15万平方千米,最深处1620米。它储存的淡水占世界淡水的五

分之一。许多湖的水量都在逐年减少，它却在逐年增加，大概是西伯利亚的冰雪融化越来越多了吧。湖区及附近的生物颇多，动物有1200种，植物有600多种，在1600米深处的湖底也有大量的生物群。海豹和奥木尔鱼是真正的海洋生物，居然也生活在这里，科学家认为它们是从北冰洋沿着河流来到贝加尔湖的。

俄罗斯有许多好听的音乐和优美的芭蕾舞，最有名的芭蕾舞剧就是《天鹅湖》了。在湖边，一只只美丽的天鹅翩翩起舞，赶走了魔法师和黑天鹅。整个舞剧的音乐优美动人，是著名作曲家柴可夫斯基的杰作。

在俄罗斯的许多河流中，伏尔加河被俄罗斯人亲切地称为"母亲河"。

考考你

1.你知道世界上最深的湖在哪里吗？

2.你知道伏尔加河被称作什么吗？

东 欧

波罗的海水特殊，

东欧平原土豆熟。

大浪淘沙潮汹涌，

千湖荡漾鱼游出。

西风萧瑟寒流猛，

乌拉尔山自突兀。

也许大家都知道，海水是又咸又涩的，不能喝。可是，世界上有个地方的海水却是淡淡的，那就是波罗的海。从波罗的海中舀起来的水，几乎尝不到咸味。原因在哪里呢？这里的水质原本就比较好，东欧、北欧地区都比较寒冷，由于气温不高，海水的蒸发量相对比较少，再加上它周围许多河的淡水源源不断地流来。因此，海水中的盐分怎么也多不起来。此外，大西洋和波罗的海的通道又浅又窄，外边的咸水根本不易流进来，冲咸淡水。这就是波罗的海的水比别的海水淡得多的缘由。

爱沙尼亚、拉脱维亚、立陶宛等国家就位于波罗的海的东南岸，合称为波罗的海国家，白俄罗斯、乌克兰、摩尔多瓦是内陆国。白俄罗斯多湖泊,号称"千湖之国"。乌克兰和东欧国家盛产小麦、土豆。东欧国家在第一次世界大战后,纷纷独立,加入苏维埃社会主义共和国联盟。第二次世界大战时,又饱受德国法西斯的侵略、蹂躏,生活在水深火热之中。英雄的苏联人民被迫拿起武器进行卫国战争,他们英勇战斗,不怕牺牲,前仆后继,艰苦卓绝,直到最后胜利。在血与火的岁月里,苏联人民团结得像一个钢铁巨人,才打败了凶恶的敌人。然而经过四十年的风风雨雨,苏联渐渐变成一盘散沙,东欧国家反而加入了北约,走向相反的路。这是一个值得深思、研究的课题。或许我们能从中得到什么启示和教训,防微杜渐,永立不败之地。

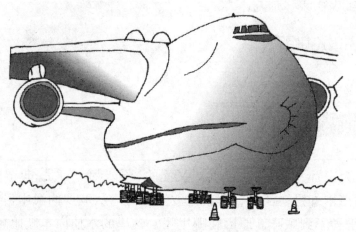

考考你

1. 你知道东欧的哪些国家是内陆国吗?
2. 你知道世界上哪里有不咸的海水吗?

西 欧

大风车,四把扇,

背心挂在塔上端。

带动水轮能提水,

拉动石磨可磨面。

风儿吹来转不停,

天天做工不偷懒。

背后的故事

　　欧洲古时候的农村,大风车星罗棋布,随处可见。人们用风力提水浇灌禾苗,用风力推动石磨加工小麦。而今风力被汽油机和电力取代,大风车几乎销声匿迹,很少见了。不过,利用风力发电却成了当今时尚,可说是方兴未艾。因为,风力发电是绿色能源,不像火力发电那样污染空气。只是发电设备比大风车贵得多,而今的风扇不是木质和布,而是枸橼钢做的,扇叶长达二、三十米,大风车更是望尘莫及。世界各国都在争先恐后地发展风力电,它和太阳能发电已成为当今照明的宠儿,被称为绿色能源,因为它对环境没有任何污染。

　　法国的凡尔赛宫是西欧最大的宫殿,曾是国王、皇室居住的地

方。宫殿里面，有一个又长又宽又高的大厅，靠墙的柱子用绿色大理石做成，柱头是铜的，并且在外面镀上厚厚一层黄金。一面墙有17个圆额大窗子，对面的墙上有17面大镜子，用精雕细琢的镜框镶嵌着。圆筒形的天花板上，画满了色彩鲜艳的图画，整个大厅显得非常富丽堂皇。

西欧面积最大的国家是法国，首都巴黎的埃菲尔铁塔举世闻名。它的特产葡萄酒畅销全世界。巴黎罗浮宫是享有盛名的博物馆，那里珍藏着许多世界有名的油画。西欧国家还有德国、英国、爱尔兰、比利时、荷兰、卢森堡等国家。

1.你知道西欧最大的宫殿是什么吗？

2.你能说出风力有哪些用处吗？

不列颠群岛

欧洲英法两国家，
中间隔着一海峡。
大小船儿像穿梭，
波涛为布织成画。
如今海底建隧道，
车来人去多如麻。

♫儿
……
歌

背后的故事

英吉利海峡夹在法国和英国中间。这里是世界上最繁忙的海上航线。航行在海峡的船只绝大多数来自世界各国，它们只是在这里过一下路或作短暂的停留。每天至少有四五十艘轮船从这里过。此外，英、法两国大大小小的船只来来往往，使英吉利海峡热闹非凡。

别小看英吉利海峡，在第二次世界大战中它的功劳不小。当德军用闪电战很快灭了西欧国家，打得法国投降的时候，这道海峡便成了不可逾越的天堑。德军并未望海兴叹，他们试图用军舰攻打英国，但几次进攻都被英军击溃了。德国海军比英军稍逊一筹，可它并不死心，又用飞机昼夜不停地空袭伦敦，企图以狂轰滥炸迫使英国投降。同时用潜艇袭击英国在大西洋上的运输船，切断英军的补给线。后来,在美军的援助下,英军的反攻开始了,最后取得了反法西斯的胜利。军事家无不认为,从战术条件方面讲,是英吉利海峡拯救了英国。

战后,英、法两国人民在英吉利海峡修起了海底隧道,它成了两国往来的通途,友好的纽带。英国的全称是大不列颠和北爱尔兰联合王国,由英格兰、威尔士、苏格兰、北爱尔兰组成。首都伦敦是世界著名城市。英国诞生过牛顿、达尔文、莎士比亚、瓦特等许多伟大的科学家和艺术家,牛津大学和剑桥大学悠久的学术传统至今仍吸引着世界各国的学子。

考考你

1.你知道英国是由哪几个部分组成的吗?

2.你知道英吉利海峡是一条什么样的海峡吗?

北 欧

诺贝尔、安徒生，

两位大师久闻名。

一是瑞典科学家，

一是丹麦大文人。

设立奖金作贡献，

写出童话赛明灯。

背后的故事

  安徒生出生在北欧国家丹麦的一个贫民区。他的爸爸是个穷鞋匠，她妈是个洗衣工，靠给别人洗衣服为生。贫穷的童年使安徒生对人民的劳苦和饥饿有了很深的体会。他希望用自己的童话和故事给孩子们带来快乐。他一共写了 168 篇童话和故事，给全世界许许多多的孩子提供了宝贵的精神食粮。安徒生虽然离开我们 1000 多年了，可是我们一直怀念他。

  瑞典的诺贝尔是位化学家和发明家，他发明的烈性火药卖了许多钱。他死后，政府按照他的遗嘱用他的钱作为基金，奖励在物理、化学、生理或医学、文学、和平事业等做出卓越贡献的人。后来又增设了经济学奖金。诺贝尔的美名也随着他设的奖金永远流传下去。

欧洲的北部是一个寒冷的地区,冰岛大部分地区被冰雪覆盖,时达半年之久。当地的居民以打渔、狩猎为生,出门坐雪橇,几条狗同拉一个雪橇跑得很快。他们在冰面上打个洞,再把网放进去,过一段时间就能把鱼捞上来。切一块生鱼肉沾点佐料,吃得津津有味。

北欧有瑞典、挪威、芬兰、丹麦、冰岛等国家。瑞典森林茂密,经济发达,木材加工和造纸工业在世界上占有重要地位。芬兰的森林面积占国土面积的 60%以上,在各国森林覆盖面积比中,它算第一。这对芬兰的气候起了良好的作用。

1.你知道安徒生写的哪些童话故事?
2.你知道安徒生是哪个国家的人吗?

巴尔干

大嘴巴,长扁形,

大口袋,宽又深。

翅膀展开如蕉叶,

拍打水面鱼儿惊。

追赶鱼儿到岸边,

装进口袋慢慢吞。

背后的故事

　　多瑙河三角洲是巴尔干半岛最富饶的地方,也是世界上很多候鸟聚会的地方。在这里,我们能看到中国的白鹭、北美洲的麝香鼠、西伯利亚的长尾猫头鹰、热带的红鹤、北极的白顶鹅,还有巨型大鸟鹈鹕。嘿,外来的鸟真不少! 鹈鹕这种鸟身体比鹅大,颈部有一个很大的嗉囊,把鱼储存在里面,带回家让宝宝吃,可方便了。它们集体捕鱼,常常满载而归。

　　巴尔干半岛地处欧洲南部,大部分是山地,只有沿海与河谷才有平原。南面与非洲大陆隔海相望,东边与亚洲大陆山水相邻,有着重要的战略位置。半岛上有希腊、马其顿、罗马尼亚、保加利亚、阿尔巴尼亚、波黑、塞尔维亚等国。希腊是文明古国,也是世界奥林匹克运动的发源地。

奥运会起源于古希腊奥林匹克亚竞技会，与宙斯神大祭有关。开始在南希腊的奥林匹克亚每四年召开一次，只许希腊人参加，项目有赛跑、掷铁饼、角力、赛马等，优胜者奖励橄榄花环。公元4世纪末遭到罗马皇帝的禁止。1896年在希腊雅典举行了第一届现代奥林匹克运动会。以后每四年在会员国轮流举行，竞技项目陆续扩充，最后成为国际性综合体育运动会，以奖牌取代了花环。奥运会成为联系各国体育健儿的纽带，也是世界和平与友谊的象征。各会员国争相举办，说明奥运会已深入人心，全世界人民都热爱它。

1.你知道多瑙河三角洲汇集哪些候鸟吗？

2.你知道奥运会的发源地在哪个国家吗？

北　非

尼罗河,水量大,
浇出两岸好棉花。
古埃及,金字塔,
千古之谜难解答。
撒哈拉,风刮沙,
横扫北非三国家。
人工运河苏伊士,
来往船儿多如麻。

♫儿
歌

背后的故事

　　一说起埃及,马上就会想到金字塔。金字塔像个谜宫,它有许多没有解开的谜。譬如倒两杯牛奶,一杯放在塔里,一杯放在塔外。结果会怎么样呢?过了几天,塔里的牛奶好好的,没变味,而塔外的牛奶已经变馊了。小朋友,你能通过电冰箱的原理解开这些谜吗?

　　金字塔是古埃及国王法老的陵墓,里面放置了部分国王的尸体,还有一些国王葬在帝王谷。英国著名的考古学家贝尔佐尼来到埃及探宝,他在金字塔里面几乎一无所获。后来听说有个帝王谷,他在山上转了几天,然后又到谷底考察,他似乎感悟到什么。于是请当地百姓来挖掘,谁也没想到在一条小溪边挖下去,竟然是国王的地宫。墓壁、墓顶都绘有精美的彩画,这些画分别讲述国王和天神的故事。宫

内一具具木乃伊躺在精致的棺椁里，每个棺椁都摆满了珍贵的陪葬品，他把这些宝物运回英国，陈满了大英博物馆。他五年的成果居然超越前面所有的探险者。可惜只活了44岁，死时什么也没带走，仅留下一本他写的探宝书，这本书后来引起了轰动。

北非是个三面靠海的地方。北面是地中海，东面是红海，西面是大西洋。有埃及、摩洛哥、阿尔及利亚、突尼斯和利比亚等国。北非南部是撒哈拉沙漠。埃及是文明古国，金字塔、狮身人面像是人类建筑史上的奇迹，尼罗河三角洲是世界古文明发祥地之一。

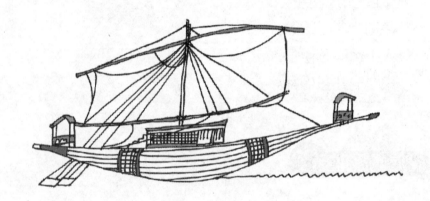

1.你知道金字塔在哪个国家吗？
2.你知道帝王谷的秘密吗？

西 非

响尾蛇,有毒牙,
老鼠闻声就害怕。
长颈鹿,不说话,
采摘树叶喂娃娃。
大河马,宽嘴巴,
张开巨口去打架。
独角犀,披铠甲,
驮着犀鸟向前跨。

儿……歌

背后的故事

　　茫茫的大沙漠炎热无比。烈日下,已经没有动物行走了,此时,不怕热的响尾蛇却在金黄的沙丘上静静地瞭望,等待猎物靠近。在热带大草原上,长颈鹿在奔跑着,去寻找能吃的树叶。大嘴巴河马却把自己泡在水塘里,滚一身稀泥。斑马和羚羊寻找草吃,还要提防或逃避豺狼虎豹的偷袭。这就是西部非洲的景象。西非靠近大西洋,有毛里塔尼亚、马里、尼日尔、加纳、尼日利亚、几内亚、比绍等十多个国家和一些群岛,还有著名的乍得湖。整个西非,地形比较复杂,有高山、平原、沙漠、河流、海湾。撒哈拉沙漠北起阿特拉斯山南麓,南到北纬 17 度附近,东临尼罗河,西到大西洋岸,面积 777 万平方千米,是世界第一大沙漠。气候干旱少雨,地下矿产非常丰富。

撒哈拉一词在阿拉伯语中是大荒漠的意思。可是,科学家探索证明:公元前6000~3000年的远古时期,撒哈拉大沙漠曾是一片肥沃的草原。古人在那儿创造了灿烂的文化。从恩阿哲尔高原地区的岩画上发现了水牛、河马和一些水生物,可就没有骆驼之类的沙漠动物。而水牛、河马这类动物必须在有水草的地方才能生存,这说明远古绝不是沙漠而是草原。科学家研究分析,由于气候变化,雨量减少,流入内陆湖泊的水也逐渐减少,在强烈的阳光照射下水分大量蒸发,导致河湖干枯寸草不生,最后变成了荒凉的沙漠。

考考你

1.你知道沙漠里的响尾蛇是怎样捕食的吗?
2.你知道撒哈拉沙漠在哪里吗?

东 非

大耳朵,摇动响,
狮虎受惊站着望。
长犬齿,生口旁,
既刨又撕可顶撞。
粗鼻子,管子样,
洗澡吸水喷身上。
柱子脚,扁圆掌,
走起路来很稳当。

背后的故事

　　世界上有两种大象,一种是亚洲象,另一种是非洲象。非洲象要比亚洲象大。亚洲象只有雄性才长两只长而大的牙,而非洲象不管雄性还是雌性,都长大牙。这些大牙可用来撕树皮、刨泥土,还可用来当武器。非洲象很难驯养,在野兽中它们的寿命最长,一般可话100~120岁。一群象少则十几头,多则几十头。它们团结互助,无论吃草、喝水、走路、休息总是在一块。大家对幼象十分疼爱,关怀备至;对老象亦有敬爱之心,大象死了还要集体送葬,掩埋后再默哀片刻,然后离去。近年来,气温升高草场退化,大象为觅食常闯入农田吃庄稼,遭到农民的杀害。政府虽然建有保护区,可关不住它们。溜出来的大象还会遇到偷猎者,所以大象前景不妙。

在东非，热带草原占优势，当地的人们拒绝食用野生动物。因此，这里便成了非洲最大的天然动物园。河马与鳄鱼静静地待在河里，等待动物们来饮水。成群结队的角马、斑马、羚羊、长颈鹿等动物在辽阔的草原上自由地吃草，它们常常抬头四处张望，时刻警惕狮子、老虎、花豹、豺狼的袭击。狮子、豺狼捕猎是集体行动，只有老虎、花豹是单独捕猎。它们逐水草而居，旱季来时，成千上万的动物浩浩荡荡向远方走去，十分壮观。

东非有埃塞俄比亚、苏丹、肯尼亚、乌干达、厄尼特里亚、索马里等近十个国家。维多利亚大瀑布又称魔鬼瀑布，它是地壳断裂错动形成的。

1.你知道东非草原有些什么动物吗？
2.你知道非洲大象和亚洲大象的不同之处吗？

南 非

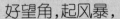

好望角,起风暴,

狂风卷浪山样高,

船儿就像一叶草。

颠来簸去随波涛。

背后的故事

从前有个葡萄牙的探险家,名叫迪亚士,他率领船队经过南非最南端时,刚好遇上了风暴,海浪被风暴掀得很高,他们的船就像一片树叶,在海浪里颠簸着。于是,他把这里取名为"风暴角"。后来,一个叫达·伽马的人成功地驶过了"风暴角",到达了富庶的东方印度,开辟了从欧洲到南亚的新航线,"风暴角"也被改名为"好望角"了。

非洲南部三面临海,仿佛一个巨大的半岛,居民以黑人为主。南非共和国是世界钻石之国。南部非洲有安哥拉、赞比亚、莫桑比克、津巴布韦、纳米比亚等十多个国家和岛屿。

莫桑比克东面有个马达加斯加岛,它是地壳运动时,从非洲大陆板块分裂出去的。由于离开了几十万年,岛上的动植物大多是地球上独一无二的生物。譬如狐猴,大大小小就有十几个种群。不过它们都有共同的特征:狐狸体型猴儿手,善于攀缘和奔走。不同的是,它们有的吃素食,有的吃荤食,还有的吃杂食。此外,体型大小较悬殊,大的像狐狸,小的如老鼠。毛色花纹也有明显或微小的差异。该岛不仅是个奇异的动物园,而且是个珍稀植物园,动、植物种类之多,在地球其他地方是见不到的。照理说应当得到人类的关爱,可是有些人唯利是图,乱砍滥伐使森林面积日益缩小,不仅稀有植物逐渐灭绝,而且稀有动物也濒危,如加蓬奎蛇因失去地盘也所剩不多了。

1.你知道好望角在非洲的什么地方吗?
2.你知道钻石之国指的是哪个国家吗?

大洋洲

澳大利亚悉尼港，

一组贝壳海滩上。

海水蓝，贝壳亮，

面对大海把歌唱。

明月看见不想走，

鱼儿听了跳出浪。

如果你到了大洋洲的澳大利亚悉尼港，远远就能看到一组像贝壳样的房屋，那就是著名的悉尼歌剧院。在蓝色的大海边，一组高大的"贝壳"在阳光下张开着，一声声美妙的音乐从"贝壳"里飘了出来，就像在对着大海歌唱。悉尼歌剧院又像一张张迎风升起的船帆，停泊在海边，而不知道它将驶往何方。这是多么奇妙的引人入胜的境界啊！

大洋洲是世界上最小的一个洲，它位于太平洋西南部，赤道南北的浩瀚海域中，包括澳大利亚大陆、新西兰南岛、北岛，新几内亚岛和美拉尼西亚、密克罗尼西亚、波利尼西亚三大区域。全洲矿产丰富，铁矿砂驰名世界。动植物资源类型独特，袋鼠、袋熊、袋獾，肚皮

下面都有一个袋子，用来装幼仔。草原里常见的植物是耐旱的大脖子树。经济以农业、牧业、渔业和矿业为主。

澳大利亚大陆四面临海，阳光充足，大洋热带风暴甚猛，所以造就了辽阔的戈壁沙漠。究竟是怎么回事呢？原先该大陆没有那么多沙漠，而是宽广的草原。西方移民来到此地，大量开垦草原，种植咖啡等作物，烈日晒干泥土，暴风刮走红沙，于是留下150多万平方千米的沙砾与荒漠。这个教训值得我们汲取。

澳大利亚的蟾蜍与袋鼠繁殖很快，给人类的生活带来了妨碍，人们群起而捕之，以达到生态平衡。也许这是世界上绝无仅有的对待动物的集体行动吧。

考考你

1.你知道悉尼歌剧院像什么吗？
2.你知道澳大利亚沙漠扩大的原因吗？

北美洲

一片两片千百片，

张张手掌不一般。

大小红叶挂枝头，

好似彩玉红烂漫。

背后的故事

加拿大的红枫树会流糖液，故名糖槭。每当到了收获糖液的时候，人们就在枫树林里举行盛大的枫糖节。秋天枫叶红似火，远远望去像一片绯红的云霞。美丽的枫叶给人们留下了深刻的印象，于是，人们把它写在《枫叶，万岁》的歌里传唱着。后来，枫叶成了加拿大民族的象征，绘在他们的国旗上。

北美洲由美国、加拿大、墨西哥、大安的列斯群岛、格陵兰岛及百慕大群岛等组成。加拿大是世界面积第二大国家，森林资源丰富。阿拉斯加和格陵兰岛，地广人稀，天寒地冻，到处都是厚实的冰川。格陵兰岛的冰川已覆盖数万年之久，如今正在迅速消融。科学家测算，如果格陵兰岛的冰川完全融化，海平面将升高 7 米。那时各国海拔较低的沿海城市将被淹入海底。2012 年，大西洋"桑迪"飓风引来的海水淹没了美国东海岸新泽西州，纽约也成了水乡泽国。官方报告至少淹死 140 人，造成大面积停电，经济损失前所未有。

　　美国落基山脉的南部有个黄石公园，是在 1870 年勘定的天然野生动物园。山上生长着许多白皮松，松鼠以松子为食，它们在秋天就把松果采来埋在土中，准备冬天食用，可是棕熊常常偷食它们的坚果。这儿的河狸牙齿锋利，能咬断很粗的树木，用来垒水坝，同时衔石块、泥土筑坝蓄水。它们以树木为食，不愁没吃的。狼群追捕麋鹿，柳枝便保留下来，生长良好。美国佛罗里达州沿海的几百头海牛，因海平面升高，咸水渗入淡水，温泉降温，红树林被淹，它们丧失了栖息地而处于濒危状态。动物学家正在设法拯救它们。

考考你

1.你知道加拿大的国旗是什么图案吗？

2.你知道美国黄石公园有些什么动物吗？

南美洲

亚马孙河巨水蟒，

不时脱下花衣裳。

流绿滴翠气清新，

觅食漫游体健壮。

保住热带大森林，

子孙昌盛好乘凉。

♪儿
歌

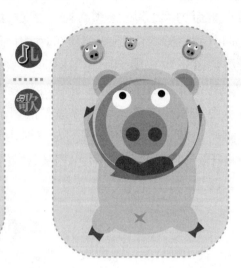

背后的故事

　　南美洲的巨水蟒又名绿水蟒，有十余种。大蛇身长6~10米，最重可达165千克，为世界大蛇之冠。它们生活在亚马孙河流域，小蟒栖息树上，喜欢晒太阳；大蟒潜水草丛，便于捕食牛蛙之类的小动物。热带雨林的清洁水源是它们的故乡。现在亚马孙河一带的树木遭到肆意砍伐，种植大豆，势必影响它们的生活。一是藏身难，二是食物少，三是繁殖不易。慢慢会走到濒危的边缘。森林破坏后美洲虎、金刚鹦鹉和乌林鸮失去生存空间，也岌岌可危。

　　南美洲巴西的海滩，有一种海螺蛳叫鸡心螺，它的壳上有色彩斑斓的花纹，当你拾起来赏玩的时候，千万别让它的毒须伤着，因为现在还没有抗毒血清解此毒。记住，有生命危险！

南美洲有一种蚂蚁也需警惕，它们叫红火蚁，据说如今已散布世界各地。这种蚂蚁火红色，一群至少数千，多则几十万。不仅繁殖快，而且生命力强，水火不惧。唯一的办法是诛灭蚁王，阻止产卵繁殖。它们所到之处筑巢隆起，附近的生物都要遭殃。叮人后有灼痛感，医好后会留下灰皱皮。

南美洲在西半球南部，气候温暖湿润，适合生物生长，有广袤的热带雨林和热带草原。世界最长的河流亚马孙河与世界最长的山脉安第斯山脉，都在南美洲。安第斯山脉南北走向，西邻太平洋，长9000千米；亚马孙河长6480千米，由南向北流到巴西境内，再转向流入大西洋。

考考你

1.你知道南美洲的巨水蟒是什么样子吗？
2.你知道巴西海滩的鸡心螺有什么特点吗？

南极洲

黑衣裳，披身上，

左摇右摆向前闯。

小小翅膀不能飞，

下海捕鱼是内行。

宝宝留在家里面，

轮流照看共抚养。

背后的故事

　　世界上有一种不能飞的鹅，胖乎乎的，个子比天鹅小。它的翅膀退化了，无大毛，总是穿件黑白两色的衣服，走起路来挺胸昂首一摇一晃，不慌不忙的，很有点绅士风度。这就是南极洲的企鹅，它们有好几个种群哩。其中有一种金企鹅，每年都到南太平洋的麦夸利岛去繁殖后代。企鹅妈妈生的蛋由夫妻共同孵化抚养，因为它们要轮流下海捕鱼，而且还要把鱼存在嗉囊里，带回来喂企鹅小宝宝。有时爸爸妈妈都出海了，宝宝就托邻居阿姨照看。一个保姆往往能带几个小企鹅，这是一种多么可爱的动物啊！

　　南极洲是人类最晚发现的一块大陆，也是地球上纬度最高的一块大陆，至今没有人定居。由于极地气候十分严寒，差不多所有地面都被冰雪覆盖着，成为地球上一个特大的天然冰库。南极洲海洋生物资源十分丰富，企鹅、海豹、磷虾就生活在这里。

每年夏天，各个国家的科学家都要到南极去从事科考工作。现在，美、俄、英、法、中、日、澳大利亚、南非、阿根廷、新西兰等国分别在南极建有自己的科考站。其中俄罗斯的科考站最多，一共建了五个。我国已建了四个，即长城站、中山站、昆仑站和泰山站。

科考人员发现，南极的气温在升高，冰川的融化速度在加快，覆盖陆面的冰盖在退缩。这与全球的气候变暖有关，也与植被减少、二氧化碳增多有关。

1.你知道企鹅是怎样抚育宝宝的吗？
2.你知道南极洲是个什么样的世界吗？

太平洋

海底石上开满花，

五颜六色美如画。

红绿蓝紫珊瑚树，

粗细长短有枝丫。

还有其他动植物，

千姿百态多变化。

背后的故事

啊！在蓝蓝的大海中，除了千奇百怪的鱼、形态各异的海藻，石头上还有许多美丽的花！原来它们都是珊瑚虫的分泌物形成的珊瑚树。珊瑚虫是一种很小的动物，它们颜色各异，形状也不同。它们在一起长大，直到死也不分离。我们看到的珊瑚礁，就是它们聚在一起的骨骼，经过千百万年的累积才形成的。珊瑚虫的主要食物是单细胞藻类。全球变暖，温暖的海水会促进海藻的新陈代谢，从而产生更多的氧。珊瑚虫在 40℃的海水中会出现氧气中毒现象，它们吐出海藻留下白色物质，并停止生长，如果水温不降，最后会死去。

比世界陆地总和还要大的洋是太平洋，面积有 17967.9 万平方千米。许多大小不同的岛屿像一颗颗珍珠散落在太平洋上，如夏威夷群岛就绵延 3000 多千米。太平洋有印度尼西亚、菲律宾、日本、塔希提、汤加、瑙鲁等国家,那里有椰子、菠萝、檀香木等植物。

在东太平洋的复活节岛上,不知什么人在什么时间修了 300 多座石头平台,由碎石垒成。每个平台上矗立着 4~6 尊巨大的石像(最大的平台摆了 15 尊)。他们形态各异,而相同的是薄嘴唇、翘鼻子、圆眼睛、大耳朵,一个个神情凝滞地望着大海。每尊石雕像超过 80吨,连石帽子也有 2.5 吨。制作者是如何从石场上凿下来,又如何运到海边去的?花这样大的工程竖立在那儿有何用处?这些谜团至今无人知晓。

1.你知道太平洋有多大吗?
2.你知道珊瑚礁是怎样形成的吗?

大西洋

三艘船，离开港，

漂洋过海找宝藏。

错把美洲当印度，

发财梦想全泡汤。

自从找到新大陆，

欧美通商常来往。

背后的故事

　　意大利航海家哥伦布，出生于工人家庭。他相信地球是球体，认为绕一圈就可到达东方的印度。1492 年的夏天，哥伦布在西班牙政府的支持下，率领三艘小帆船开始了第一次从海上远征印度的航行。他的船队在海上走了半年多的时间，横渡大西洋到达了巴哈马群岛和古巴等地。往后在 1493 年、1498 年和 1502 年的三次航行中，又抵达牙买加、波多黎诸岛及中南美洲沿岸地带。可是并没有找到传说中宝藏遍地的圣地，却错误地把自己看到的美洲大陆当成了印度，因为那里的风光与印度很相似。所以地理学家便把那些岛屿叫做西印度群岛。哥伦布意外地发现了新大陆，为欧洲殖民者开辟了新航线。

　　大西洋是南美洲、北美洲、欧洲、非洲和南极洲之间的海洋。面

积有9336万平方千米，洋底中部有和两岸大致平行的隆起地带，叫大西洋海脊。它是世界第二大洋，这个区域多飓风，常给美洲国家的人民带来灾害。而墨西哥湾暖流斜穿过大洋直达北欧，给北欧国家送去温暖。大西洋的大部分岛屿，集中在加勒比海的东北部。这些岛屿上有古巴、巴哈马、牙买加、海地、多米尼加等国，岛上动植物和沿海海洋资源都非常丰富。这些岛国同危地马拉、伯利兹、洪都拉斯、尼加拉瓜、萨尔瓦多、哥斯达黎加、巴拿马等国合称中美洲。

1.你知道大西洋是世界第几大洋吗？

2.你知道哥伦布发现的是什么大陆吗？

印度洋

印度洋,波浪翻,

鱼群跳跃鸟盘旋。

岛礁安生椰子树,

石油喷涌波斯湾。

钻井平台高又大,

不怕海啸冲上天。

　　印度洋底的石油可不少,尤其是在波斯湾那个地方。石油在大海底下,怎样才能把它弄上来呢?这就得在海上搭个平台,采油的工人们就住在平台上。平台的下面有许多管子,有的负责从海底把油吸起来,有的负责把油送到炼油厂去。

　　印度洋位于亚洲、大洋洲、非洲和南极洲之间,面积 7491.7 万平方千米,大部分在南半球,是世界第三大洋。印度洋有很多岛屿,因此有许多岛国,如马达加斯加、马尔代夫、毛里求斯、塞舌尔、科摩罗、斯里兰卡等。印度洋的石油资源极为丰富,红海、阿拉伯海、孟加拉湾、苏门答腊岛附近等海底石油都很多。波斯湾是世界海底石油最大的产区。2004 年 12 月,印度洋苏门答腊岛西边海域发生地

震并引发海啸,海啸波及印度、东南亚国家,淹死约 30 万人,震惊世界。海啸是怎样形成的呢? 我们用小石子投到池中,水面会泛起涟漪;如果用大石头砸到池中,不仅会溅起水花,而且还会翻起波浪。要是有巨大的岩石倒下,情况将会怎样呢? 答案是将会产生强烈的震荡和汹涌的波涛。印度洋板块在向北移动,使洋底撕裂,裂缝越来越大,最后发生地震岩石坍塌进而引发海啸。此外,海底火山喷发也能引起海啸,天外小行星撞击地球也能引发海啸。当你看到鱼儿惊惶地涌上海滩,海鸟成群地背海而飞,流浪狗逃离海边的时候,海啸就要来临了,得赶快远离海岸,到高处去躲避。

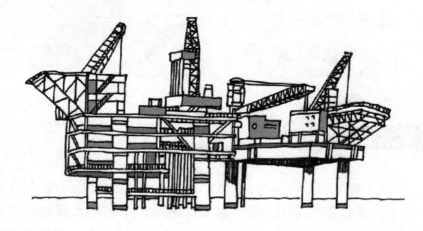

考考你

1.你知道印度洋什么资源最丰富吗?
2.你知道海啸是怎样发生的吗?

北冰洋

北极熊,身高大,

厚厚皮毛白无瑕。

掌力强劲功夫好,

还有尖尖一口牙。

捕食海豹北极狐,

海象幼崽也要抓。

背后的故事

　　北极熊是北极冰上的霸王。它的主要食物是海豹,有时也吃北极狐或小海象。它总是利用冰块做掩护,寻找海豹。一旦发现猎物,就用它又宽又大的熊掌猛击对方头部,常常一掌毙命。在北冰洋的水里,生活着一种鲸鱼,全身白色非常可爱。它们也游到太平洋和大西洋的北部海域去觅食。这种哺乳动物数量较少,属濒危保护对象。

　　近年来气温升高,北冰洋夏季已成为无冰期。由于结冰期延后,北极熊待在大陆上的时间延长,这意味着饥饿的时间增长。春天冰块融化快,冰层又薄,更增加了捕猎困难。带着幼崽的母熊,常常在零碎的冰面上艰难地走了半天也找不到食物,却还要喂小熊的奶。偶尔能找到死了几天的大鱼也算运气不错。在生存竞争中,甚至吞食同类。如果气温再不断升高，北极熊非灭绝不可。我们能袖手旁观坐视不救吗？当然不能。那么该怎么办呢？一是要坚决积极地进行节能减排，千方百计使用新能源。二是尽量减少二氧化碳的产生，不焚烧树木柴草。三是植树造林，让植物多吸收二氧化碳。只有温室气体下降了气温才不会升高。

北冰洋以北极为中心，为亚洲、欧洲、北美洲三洲环抱，是世界海洋中最小、最浅的一个，面积只有 1310 万平方千米。北冰洋上有世界第一大岛格陵兰岛，附近有群岛，欧亚大陆附近还有一些小岛。这里不仅动物资源丰富，而且洋底还蕴藏着各种矿藏。联合国公约称北冰洋属于全人类，可是周边国家纷纷宣示主权，看来围绕北冰洋还有斗争哩！

考考你

1.你知道北冰洋是世界第几大洋吗？
2.你知道怎样保护北极熊吗？

百慕大

魔三角,百慕大,

巨形漩涡真可怕。

飞机闯入失踪迹,

轮船开进难回家。

海底激流来何处?

两座庞大金字塔。

　　在大西洋百慕大群岛、美国迈阿密市和圣胡安岛三点连线内的三角地带,被叫做"魔鬼三角"或者"死亡三角"。为什么有这样不祥的名称呢?原来这片海域从 1840 年至今,已有 100 余架飞机神秘消失,多艘轮船失踪。1963 年 2 月 2 日,美国"玛琳·凯恩"号油船驶入这片海域,也同样销声匿迹,连一滴油也没找到。

　　1979 年,美、法科学家到这片海底考察,发现了两座金字塔。塔高 200 米,底边长 300 米,离海平面 100 米。另外还有一些人工建筑物。每个塔都有两个巨大的洞,海水汹涌地从洞中流过,导致海面的水缓慢地旋转。

　　科考人员还发现海面存在一个半径为 20~40 千米的大漩涡。这个漩涡旋转的方向有顺有逆,中心温度有冷有暖,中心海面有高有低。转速为每秒几厘米至几十厘米。断断续续长达几个月。深入勘察得知,漩涡顺时针转时,海水从四周向中心汇聚,中心海面就高,形成高高的水山,轮船开到水山中,无不遇难;漩涡逆时针转时,海水向四周辐射,中心海面就低于四周形成凹面镜。阳光以60度至70度角,斜射到凹镜上,它的焦点处可达几万摄氏度的高温,完全可以烧毁临近的飞机。这就是为什么出事时总是晴空万里、风平浪静的奥秘。

百慕大海底的金字塔是谁造的呢？多数科学家认为是 "外星人"。因为在这片海域常有飞碟出入海面。地球上70%的地方是海洋,"外星人"在人迹罕至的海底建立基地是明智的。

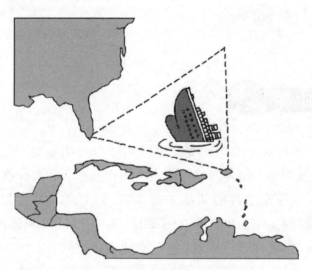

1.你知道百慕大"魔三角"在哪里吗？
2.你知道百慕大空难、海难的原因吗？

夏威夷群岛

太平洋,多火山,
岩浆冷凝出岛链。
夏威夷,像珍珠,
一颗一颗露水面。
树果漂来长成林,
海鸟栖息变乐园。
人类劳动创文明,
旖旎风光天下传。

儿
……
歌

背后的故事

在浩渺的太平洋上,有一些火山至今仍不定期地喷发岩浆。也有一些火山不再喷发岩浆,而变成旅游胜地。如日本的富士山、美国的夏威夷群岛就是著名的风景区。从中途岛至夏威夷岛,这一长达约 3000 千米的岛链统称为夏威夷群岛。它们是由许多死火山岛屿组成的。

几万年前,夏威夷群岛的火山停止喷发,火山岩经过多年日晒雨淋慢慢风化,便出现了土壤、沙滩和泥浆。北美大陆海边的椰子成熟后掉进海里,随海潮漂流到岛上沙滩,开始在这里发芽、生根、繁殖。鸟儿吃了一些植物的果实,飞到岛上拉出树种、草籽,于是岛上的植物便繁茂起来。有一种水芋也流浪到海湾滩涂,旺盛地生长。成群的海鸟来岛上栖息,留下厚厚一层粪便,使岛上的草木长得更茂盛。被龙卷风刮到海里的动物,没被淹死的漂流到岛上,也在这里生活下来。

第一批美洲印第安人乘木筏来到夏威夷,除了打鱼、狩猎、吃野果外,就是以种植水芋为生。又经过数千年的进化,他们才种植粮食和蔬菜。住宿也由穴居,到树上搭棚,再到地面修房造屋。18世纪,随着人类航海技术的发展,欧洲人来到这些岛上,他们一上岛就被优美的风景与温和的气候吸引住了,便决定住下来开发。而今夏威夷群岛已成为世界人民旅游、度假的好地方。凡是到过夏威夷的人,无不赞美这儿的旖旎风光。

考考你

1.你知道夏威夷群岛是怎样来的吗?

2.你知道印第安人最初在夏威夷吃什么吗?